スマートフォン ファーストワークフロー

大規模WEBサイトCMS構築成功の法則

著者　生田昌弘 / 株式会社キノトロープ
BY MASAHIRO IKUTA KINOTROPE INC,

技術評論社

はじめに

Webの仕事を始めて、すでに四半世紀以上が過ぎていきました（2024年10月現在で、31年目を迎えます）。
何度も、インターネットの大きな変化に押し流されそうになりながら、ここまで仕事を続けることができました。

しかし今、これまでの大きな変化が、ただの予兆でしかないような激変が起きようとしています。
この変化の元凶がスマートフォンの普及であることは、疑う余地がありません。

スマートフォンの出現は、ユーザーの暮らしを大きく変えました。
もはやインターネットがどうのという次元の話ではないのです。
世の中そのものが劇的に変化しようとしています。

スマートフォンは、インターネットに過去最大の激変をもたらそうとしています。
この変化を受けて、キノトロープでは2020年末から自社のワークフローの刷新を行いました。
スマートフォンに対応することはもちろんのこと、顧客ニーズに対応するという最も重要なことを、明確にやらなければならない時代。

PCを閲覧する時でさえ、スマートフォンを閲覧する時の癖が現れています。
そう、インターネット上だけでなく、リアルの世界においても、スマートフォンの使い方が影響を与え始めているのです。

これは、年齢や性別を問いません。
スマートフォンを利用しているすべてのユーザーに見受けられる現象です。
「見たいもの、知りたいことを、今すぐ、すばやく見たい！」
このような顧客ニーズに応えていかなければならないのです。

そのため、One to Oneマーケティングが必要不可欠で、Webを利用したマーケティング戦略が重要な時代に突き進んでいくのです。

さらに、追い打ちをかけるように出現したのが、Z世代です。
そもそもこの世代は、Webサイトをほとんど見ず、SNSの利用を中心に日常を送っています。
スマートフォンの普及と共にZ世代の影響力が増し、Webサイト制作者やWebサイト運営者にとっては、苦難な時代の始まりが到来したと言って良いでしょう。

しかし、悪いことばかりではありません、。
スマートフォンファーストの時代は、同時にコンテンツファーストの時代でもあるのです。
お客様のニーズに最適化したコンテンツを制作すれば、お客様に最適化したも同然です。

こうした時代の変化の中でこそ、新しいワークフローが必要になるのです。
そのワークフローが、本書でご紹介する「スマートフォンファーストワークフロー」です。

苦難の時代に立ち向かう、あなたの力になってくれることを心から望んでいます。

株式会社キノトロープ　代表取締役社長
KINOTROPE gaming　オーナー
生田 昌弘

目次

chapter

01

WEBサイト制作は、
これまでにない変革期を迎えている

chapter
1-1 スマートフォンの普及がユーザーのライフスタイルを変えた

WEBサイト制作は、これまでにない変革期を迎えている

≡ ユーザーの変化がインターネットに過去最大の変化をもたらした

» 激変する時代に

インターネットは、これまでに何度も大きな変化を遂げて発展してきた。
しかしその裏には、常に技術的な発展だけでなく、ユーザーの大きな変化が存在していた。
つまり、ユーザーの変化がWebサイトに劇的な変化を与えているのだ。

スマートフォンの普及は、ユーザーのライフスタイルを激変させた。
iPhoneが登場して17年（2024年現在）、本格的に普及してからは10年程度で、インターネットにもリアルの生活にも大きな変化をもたらした。これにより、いつでもどこでも、自分の端末で、情報収集や発信が可能になった。
日本におけるPCの世帯普及率は2010年ごろのピーク時でも約80%にとどまっていたが、個人の所有率はさらに低かった。この状況を変えたのがスマートフォンである。
スマートフォンは、インターネットを誰もが、いつでもどこでも利用できる環境を実現した。これは、インターネットの利用形態だけでなく、個人のライフスタイルをも劇的に変えることになった。
スマートフォンがあれば、最短のコースで目的地にたどり着けたり、事前に予約せずともホテルやお店をすばやく見つけられたりする。さらにInstagramやX（旧Twitter）、FacebookなどのSNSを利用して、口コミや疑似体験も可能になった。

ほしいものをすばやく、かつ簡単に提供するWebサイトやサービスは、多くのユーザーに支持されている。そしてSNSでユーザー側から発信される情報もやり取りできるようになったことで、従来の検索では探しづらかった情報が「簡単に」「高精度で」見つかるようになった。これは、ユーザーは高い情報収集能力を持つのと同時に、情報発信能力も備える時代へと変化しているのだ。ユーザーはそれぞれのニーズに最適な検索方法を学習し、必要な情報を得ることが可能になっている。そして、ユーザー側がそれに対応する情報発信サービスを用いて、簡単に高いレベルの情報発信機能も得ている。
ユーザーが企業に対して、圧倒的に有利な立場になったことを示している。ユーザーの変化が、Webサイトに劇的な変化を与えた瞬間でもあるのだ。

スマートフォンファーストまでの歴史

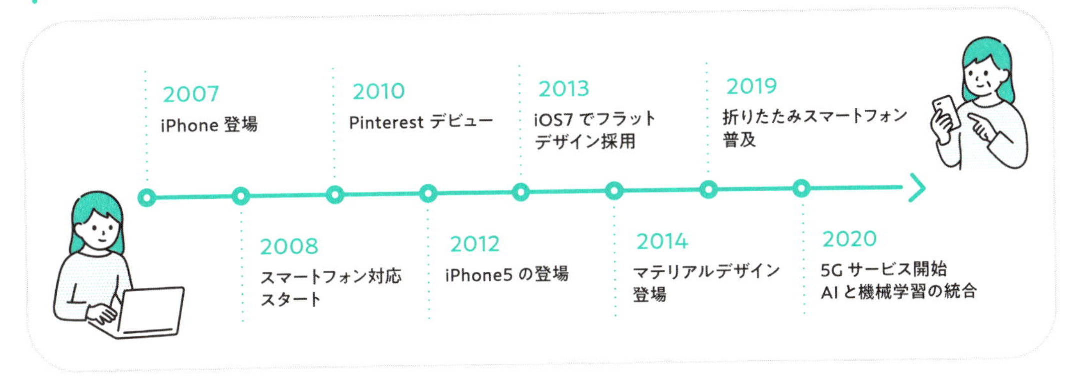

アクティブなネット利用者の実態

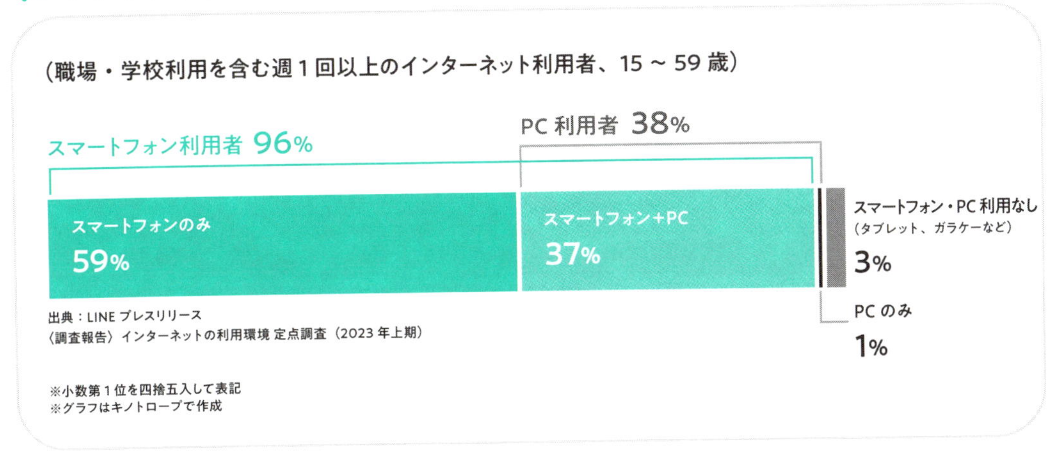

chapter

1-2 すべては、ユーザーの変化がスタートライン

WEBサイト制作は、これまでにない変革期を迎えている

☰ 変化はPCの時代から始まり、スマートフォンの出現で鮮明になった

≫ 変化は激しいが、あまりにもスムーズな変化なので、誰も気に留めない

インターネット黎明期にはインターネット好きなユーザーが多く、Webサイトのトップページから順にじっくり読み込んでくれた。従来のメディア、たとえば本であれば、表紙から始まってページ順に読むのが普通だが、これと同様に、サイト内を順番に見てくれていたのだ。

しかし最近のユーザーは、必要な情報のある末端ページに、検索エンジンから直接アクセスする。ほしい情報をすばやく見つけてすぐに離脱するという動きが一般的になった。アクセス経路や滞在時間を見ても、コンテンツに対する愛着のようなものは感じられない。ユーザーは、スマートフォンのユーザビリティやルールを当たり前のものとして受け入れ、その使用に慣れ親しんでいる。

良い例が視線の移動だ。

紙媒体の時代は「Z型」、PCで検索に慣れてきた時代は「F型」、そしてスマートフォンに慣れてきた今は「I型」へと変化してきた。Webサイトを作る側は、その変化と新しい常識に対応していかなければならない。

重ねて言うが、ユーザーは劇的に変化している。かつて正しいとされていたことや暗黙のルール、たとえば「ロゴを押すとホームに戻る」といった設計が、形骸化し過去の遺物になるのだ。

これからは、PC、スマートフォン、どんなデバイスからでも、ATMのように、誰にとってもわかりやすく操作しやすいインターフェイスを要求される時代が間違いなくやってくる。その実現には、明確なルールが必要なことは言うまでもない。

≫ ユーザーのライフスタイルの変化こそが、すべての変化の要因だ

スマートフォンが普及する以前、携帯サイトが普及し始めた頃、制作者の間で「モバイルファースト」という言葉が語られるようになった。これは「モバイルから作りましょう」という意味ではなく、「PCユーザーと携帯ユーザーは利用のシチュエーションが違うため、モバイルユーザーのシチュエーションを考えて作らなければならない」という意味だ。

そのため、このPCサイト、携帯サイト、およびスマートフォンサイトが混在していた時代は、それぞれに応じた別々のコンテンツやインターフェイスで制作する必要があった。制作会社から

すると、苦難の時代と言っても良いだろう。

当時からレスポンシブという考え方はすでに存在しており、同一のソースコードで両方のWebサイトを作ることは可能だった。しかしそれでは、お客様にとって使いやすいWebサイトは、なかなかできなかったのである。

ユーザーの導線は、時代と共に変化

ユーザーの閲覧行動もまた、時代と共に変化

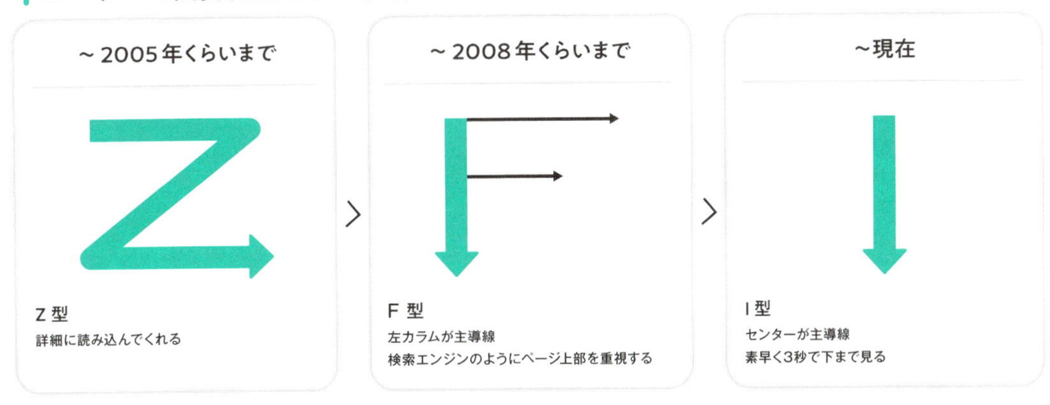

☰ Search＆BuyからFind＆Buyへ

≫ インターネットが単なるツールとして利用される時代に

ユーザーのライフスタイルが変わると、インターネットに求められる、サービスやコンテンツも変化する。
ユーザーの変化は、「Search & Buy」から「Find & Buy」へ。マニアなユーザーから、リアルと同じユーザー。ユーザーは、一般化してさらに成長していく。
インターネットの成熟に伴い、わざわざ多くのサイトを巡って必要な情報を探し出すユーザーは少なくなった。無意識にユーザーは「楽に」探せるサイトへ流れていく。SNSやブログからの情報、動画メディアからの情報など、自ら探さなくても、多くの情報が流れ込んでくる。そしてユーザーも、その情報そのものを、まるでウインドショッピングのように日々閲覧している。
情報サイトで地道に情報を取捨選択していたユーザーが、ECサイト内のレコメンドに身を任せることも珍しくない。つまり「楽に、簡単に」「精度の高い」情報が得られることが、今後のユーザーが求めるインターネットでの検索手法となる。
具体例としては、Pinterestに代表されるキュレーションサイト、Instagramに代表される写真投稿サイト、YouTubeに代表される動画サイトなどが挙げられるだろう。

今後、ユーザーが求めるインターネットの検索手法は、Find & Buyという考え方が主流になり、これに対応したWebサイトやサービスが、多くのユーザーに支持されることになるだろう。前述した、ユーザーが高い情報収集能力と情報発信能力も備えるようになった時代の変化が、ユーザーの購買行動にも変化をもたらすことを示している。
「いや、うちの会社はBtoBでPCからしかアクセスがないよ」と反論する企業もあるだろう。もちろんそんなことは、百も承知だ。しかし、そんな企業でもPCファーストはこれからの時代にはそぐわない。なぜなら、PCでアクセスするお客様であっても、お客様が普段利用するのはスマートフォンであり、スマートフォンの使い勝手や閲覧方法に慣れている。
そのため、PCのWebサイト制作であっても、スマートフォンファーストの考え方が必須になる。これからは、すべてのシチュエーションにおいて、スマートフォンでの利用を前提にWebサイトを構築することが必要になるのだ。
それが、本書でスマートフォンファーストを説く所以である。

検索の新しいかたち

「Search&Buy」の検索はGoogleが独占。これからは **なんとなく** **楽しく** **楽に** がキーになる

Search&BuyからFind&Buyへ

趣味・嗜好に基づく **セレクト** の時代へ

chapter

1-3 さらに大きな変化がやってくる

WEBサイト制作は、これまでにない変革期を迎えている

Web制作会社なんかなくなるかもしれない

Webサイトを閲覧しない世代の出現

すでに感じている方もおられると思うが、Z世代の出現は、今後のインターネットのさらなる変化を予言している。
Webサイトではなく SNSを中心に閲覧する世代と呼んでも良いだろう。
そう、彼らの閲覧はそもそもブラウザからではないのだ。XやInstagram、YouTube、Twitch、そしてDiscord。これらが彼ら彼女らのインターネットへのアプローチの最初の入口なのだ。
そのためWebサイトを閲覧している意識はなく、Google検索の使用頻度は極端に低い。
ではどうやって探しているのか、どうやって問題を解決しているのか？
それは、ソーシャルサーチを利用している。
Googleで検索すれば、たくさんの情報が表示される。
彼ら彼女らは、それら検索結果を、有識者、友人・知人、好きな人たちがどんなレビューや反応をするか確認し、それらレビューが情報を選択する際の基準にもなっている。
結果的には、ソーシャルサーチ経由で、Webサイトの閲覧も行うことになる。ここでWebサイトの制作会社が意識すべきは、入口と導線が大きく変わることであり、大きな変化への対応を強いられる。

スマートフォンファーストだけでなく、コンテンツファーストに対応しなければならない。ソーシャルしか閲覧しない彼らにリーチをかけるためには、ソーシャルに取り組むしかない。
だが考えてみてほしい。企業のSNSが発信する自社の広告、これを閲覧するZ世代がいるのか？
いや、いるわけがない。だからこそ企業は、Z世代にリーチをかけるためのコンテンツを作り出さなければならないのだ。これは一朝一夕でできることではない。企業は、できるだけ早くSNSで発信するコンテンツを作り上げる必要があるのだ。
当社では、eスポーツのチームを2022年に創設した。これは、企業がZ世代にリーチをかけるための実証実験でもある。各SNSやYouTubeなど、関連アカウントを含めて約160万人のフォロワー獲得を1年で達成し、求職者は4倍に拡大した。
これだけをとっても、Z世代へのコンテンツマーケティングは、企業の課題でもあり、私たち制作会社の課題だと言える。

CONTENT IS KING

chapter 1-4

WEBサイト制作は、これまでにない変革期を迎えている

Webサイトは お客様の問題解決ツールである

☰ どんな変化がやってきても、根本は変わらない

» お客様の問題解決ツールであること、これはこれからも変わらない

「Webサイトはお客様の問題解決ツールであり、お客様は目的を持ってWebサイトに訪れるのだ」とクライアントに話してきた。

そのため、お客様の問題を解決する情報がないのであれば、Webサイトとしては機能していないと言える。

すなわち、Webサイト制作＝ソリューションコンテンツ制作ということだ。

Web担当者にこの認識がないのは、そもそも当社を含めた制作会社にも問題がある。

「ページ自体の制作」や「レイアウト」が、Webサイト制作だと信じ切っていて、ソリューションコンテンツの制作が自分たちの仕事の範疇であると理解できていない。もしくは、それをクライアントに明確に伝えきれていない。

Web以外のメディアであれば、コンテンツ制作＝ソリューションコンテンツ制作だということは確認するまでもない。ニーズに応え、価値を見い出し、エモーションに訴えなければ、コンテンツとして意味がない！　単なる基本情報の提供は、情報があふれた現代では、ソリューションにはならないということを再認識すべし！

基本情報ですらお客様に探させたり、選ばせたりしているようでは、Webサイトとして機能しているとは言えない！

» Webサイトはサービスの場であり、お客様の問題を解決する場

インターネットが普及し始めた頃、ユーザーのほとんどがネットサーフィン自体を楽しんでいた。つまり何の目的もなく、Webサイトにアクセスしているだけで楽しいという人たちが主流だったのだ。現在、そのようなユーザーは全体の5%にも満たないだろう。ほとんどのユーザーは、潜在的なものも含めて、何らかの目的や問題を持ち、その目的達成や問題解決のため、Webサイトにアクセスしている。企業にとっては、サイトに訪れている時点で、その人は大事なお客様であると認識すべきである。

ところが企業はそのお客様に応えようとはせず、自分が出したい情報・したいことを企業側の都合でWebサイトに展開させて、お客様の要望に応えないWebサイトを作ってしまっている。

Webサイトはお客様の問題を解決する場であり、サービスを提供する場でなければならない。

ダメな例

お客様の声が届かない。
お客様への提案も伝わらない。

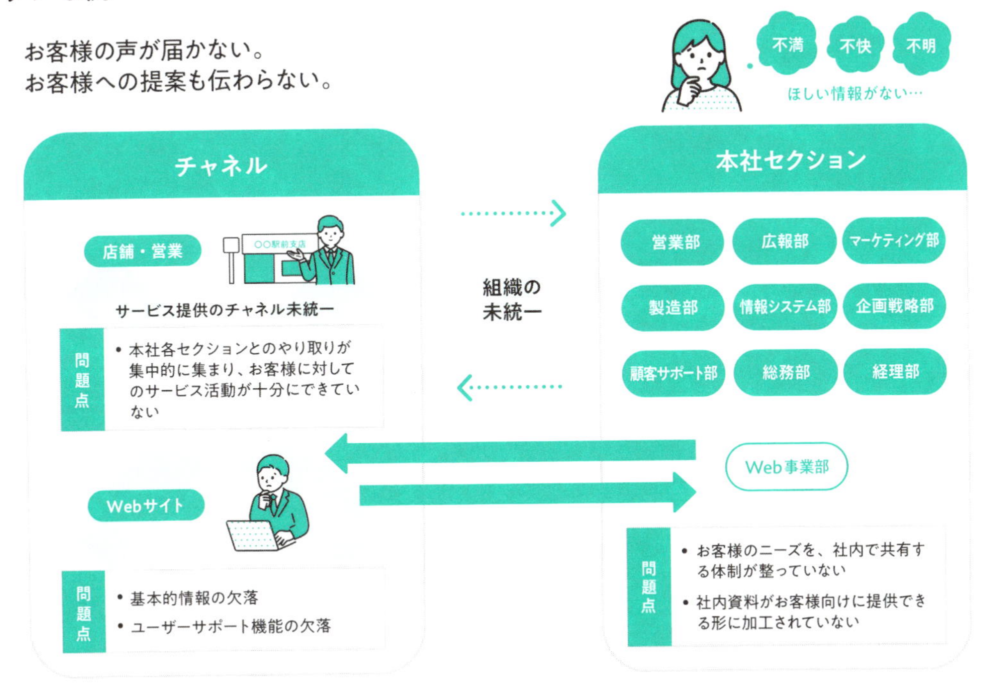

良い例

「すべてはお客様のために」真に役立つサービスを、
最適のチャネルで提供する。

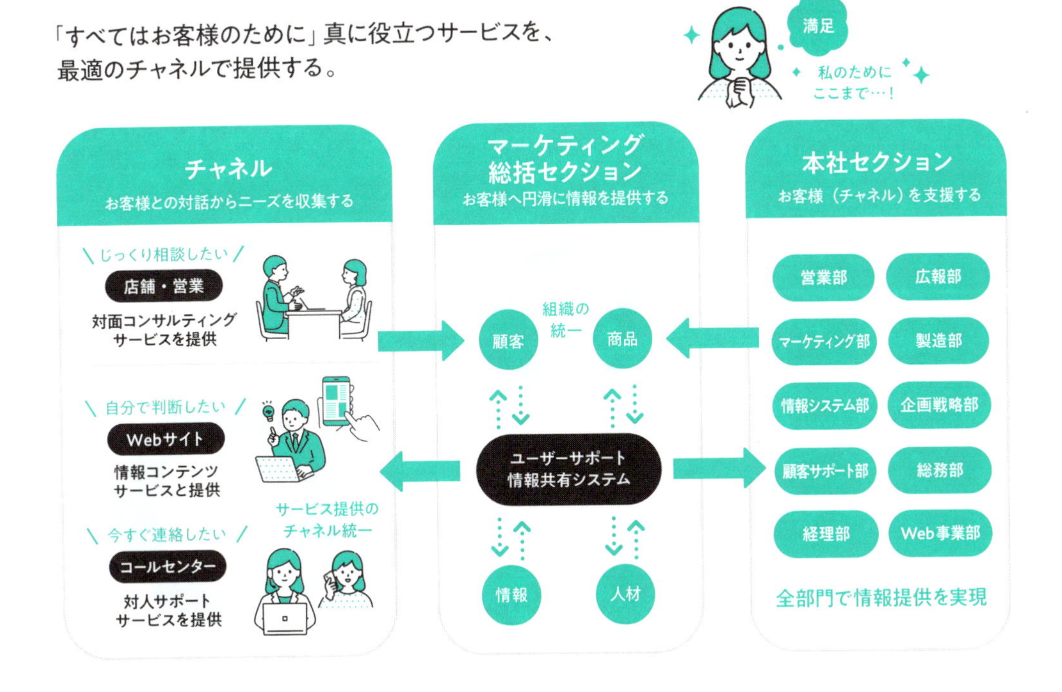

☰ 情報を押し付けるのではなく、サービスを提供する必要がある

>> Webサイトは、サービスを提供する場所

お客様は、商品の詳細な情報を知りたいだけでなく、「問題解決」につながるアドバイスを求めていることも多い。
Webサイトに訪れる人には、自らの時間だけでなくお金も使いアクセスしてくれる人もいる。企業はお客様が何を求めてWebサイトに訪れているのか真摯に考えることが重要であり、考えることが自社のサービスのスタートラインでもある。
再三述べるが、お客様の要望に応えない、企業が出したい情報を提供するだけのWebサイトは、もはや機能しないWebサイトと呼んで差し支えないだろう。

>> 機能するWebサイトとは

①お客様の必要な情報を提供してくれる
②お客様のしたいこと、してほしいことを実現してくれる
③お客様の潜在的に抱えている問題を察知してくれる

繰り返しになるが、Webサイトはお客様の問題解決ツールである。Webサイトでお客様の抱える問題を解決できれば、お客様と企業の間に優良で継続的な関係性が生まれる。お客様との継続的な関係を築くことで、さらにお客様が抱える潜在的な別の問題の解決にもつながる。その好循環を生み出すことが、Webサイトに期待される機能、役割なのである。

>> 機能するWebサイトの必要条件

それでは機能するWebサイトの必要条件は何かというと、具体的には以下がある。
・探している情報がわかりやすい：お客様が、Webサイトで知りたいことをすぐに見つけられる
・目的のページへ簡単にたどり着ける：ストレスを感じることなく、安心して使える
・お客様が目的を達成できる：自社の都合ではなく、お客様の目的を達成できる
・リアルとの連動連携が万全：問い合わせへの迅速なレスポンスや丁寧で親切な電話応対もできる

お客様のステージでも、問題は変化する

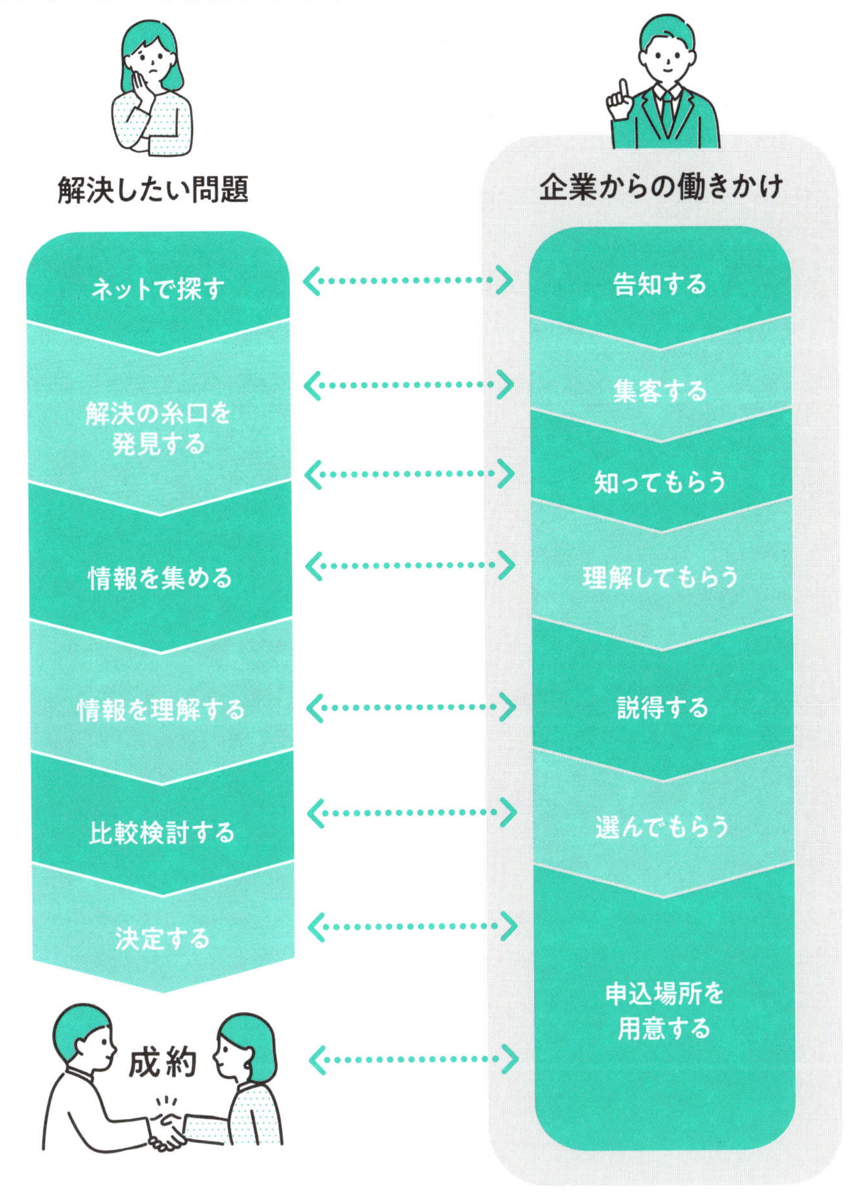

お客様のアクションごとに発生する

企業との接点（コンタクトポイント） すべてに対応する

chapter 1-5

WEBサイト制作は、これまでにない変革期を迎えている

お客様の満足体験が「ブランド価値」を向上させる

☰ Webサイトは、ブランド価値を向上させる数少ないツールである

>> 企業にとってWebサイトはブランディングツールでなければならない

Webサイトが単なる情報提供だけでなくサービスの場でありお客様の問題を解決する場であることは前述した通りだが、さらなる顧客体験の向上に努めれば、自社のブランド価値向上も期待できる。

自社メディアでもソーシャルメディアでも、Webサイトは旧来のマスメディアとは異なり、企業とユーザー間の双方向的なコミュニケーションを実現する。

Webサイトの利用シーンを考えれば、お客様が何かしらの答えを求めて、インターネット上をさまよっていることは間違いない。

すばやく自分の知りたいことや抱えている問題を解決したい人が大半であり、大部分のお客様は「困っている」。

困っているお客様と真摯なコミュニケーションを繰り返して問題を解消すれば、お客様からの信頼を獲得できる。いわば、企業がお客様にとってのアドバイザーのような存在になり、信頼関係を構築できる。

一方的な情報提供しかできない旧来のマスメディアと比べれば、Webサイトはそのようなお客様にとって「ありがとう」という感謝の気持ちを顕在化しやすく、満足体験を得やすいツールと言えるだろう。

そして、お客様の満足体験の積み重ねにより企業への信頼を高められれば、それはブランド価値向上につながるのだ。

お客様へ問題解決の姿勢を示すことが、ひいてはビジネス成果を出し続けることになるはずだ。

お客様の満足体験が「ブランド価値」を向上させる

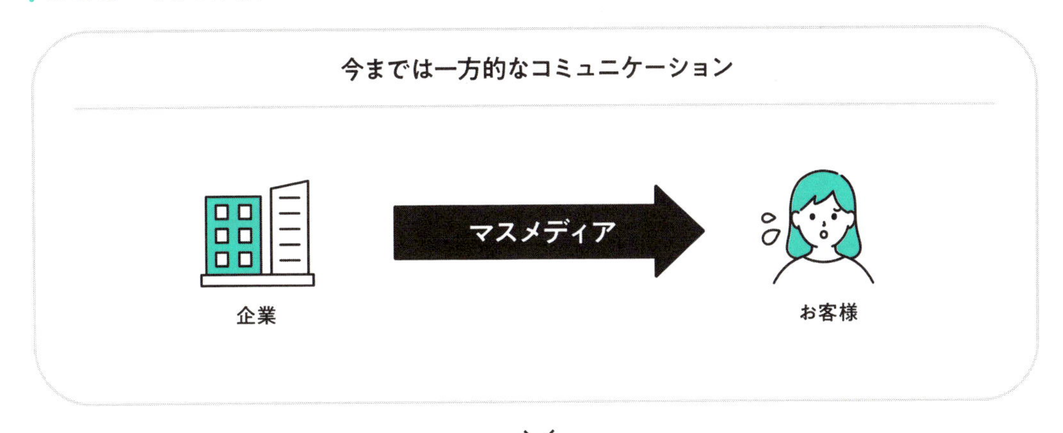

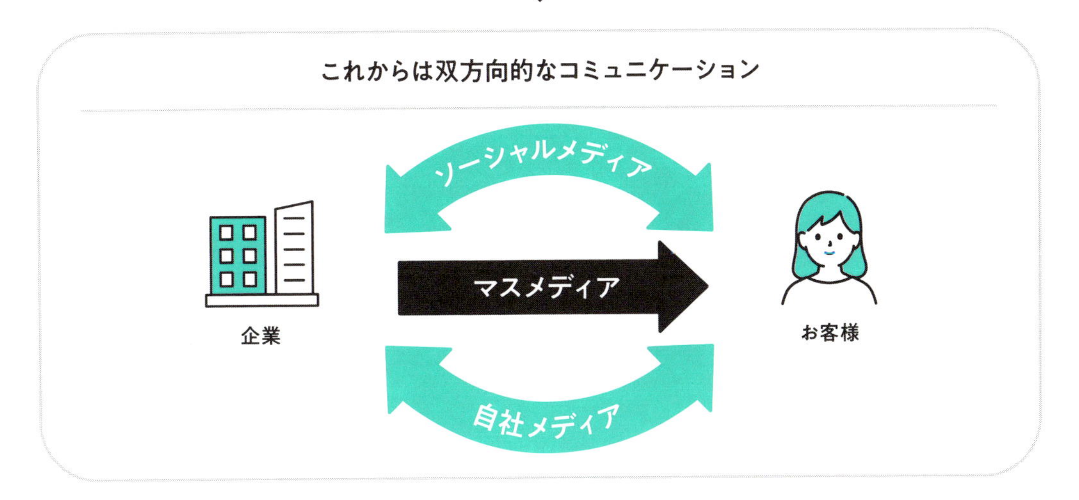

chapter 1-6

WEBサイト制作は、これまでにない変革期を迎えている

Webサイトは生涯顧客育成も実現できる

三 生涯顧客育成につなげられるWebサイトの特性

» Webサイトの特性・ポテンシャル

これまで、Webサイトは必要最小限の情報を「楽に、簡単に」確認したいユーザーのニーズに応えるサービスを提供する場であり、ユーザーの顧客体験 を高めることが重要と解説してきた。

企業がWebサイトの運用を通じて、お客様が企業を信頼してくれるようになった場合、そのお客様は「企業のファン」にもなり得る。これまで必要最小限の情報しか興味がなかったお客様が、多少長いコンテンツでも関心を抱いてくれるようになるはずだ。

Webサイトなら、そのようなお客様に向けて長くても読む価値のあるコンテンツを準備することもできる。これは数行・数秒のキャッチコピーとは比にならない情報量をお客様に向けて発信できるのだ。

商品の開発ストーリーや会社の歴史などに、いきなり関心を抱く人は極めて少ないであろう。しかしそのようなコンテンツも、企業のファンになり得るお客様にとっては有効な情報になる。どんなに説明が長く難しくても、魅力的な内容に仕上げれば、読んでもらえる可能性がある。これはマスメディアでは決してできない、多機能なWebメディアだからこそ実現できることだ。

顧客満足度向上の積み重ねが生涯顧客育成へつながる。これこそが、Webサイトが備えるメディアとしての特性・ポテンシャルに他ならない。

» 重要となるCI（Corporate Identity）

しかし、ここで留意したいこととして、顧客満足度向上から生涯顧客育成まで多様なコンテンツ制作を実現できるWebサイトの多機能性は、一貫した企業戦略がないと有効活用が難しい点である。企業が自社の情報を発信する際に利用するビジネスツールは数多くあるが、Webサイトが担う機能や役割は広い。

Webサイトの多機能性を十分に活かすには、CI(Corporate Identity)を社内でしっかりと実行して、経営目的の意思統一を社員全員に徹底し、優れた企業イメージをお客様に与えられる体制構築が重要になる。

ここで言うCIとは、単にロゴマークを変える、社名を変えるなどといったことではないのには注意したい。CIを実行すれば、発信するコンテンツの内容の精査もでき、ひいてはWebサイトの有効活用につながるのだ。

企業のビジネスツールの例

Webサイトが担う役割は広い

企業戦略なしに、有効活用は不可能である

chapter

02

スマートフォンファーストで
顧客ニーズに対応せよ

chapter 2-1

スマートフォンファーストで顧客ニーズに対応せよ

なぜ、今 スマートフォンファーストなのか

☰ すべてのインターネットユーザーがスマートフォンを利用する日が来る

» スマートフォンの普及が、そもそもユーザーのライフスタイルを変えた

従来の、PCサイトを基本にスマートフォンサイトへの最適化を行ってきた携帯サイトの時代から考えると、すでに20年が過ぎようとしている。
Webサイト制作は、PCが基本という考え方から大きく変わる時代に突入しようとしている。いや、すでに突入していると言っても良いだろう。だから今、制作会社は、Webサイト制作を再度見直さなければならない。
当社では、5年前からスマートフォンファーストワークフローを用いた制作を模索していたが、どうしてもPCを捨てきれない状況が続いていたのだ。
しかし、2024年を迎え、ついにスマートフォンファーストワークフローがPCサイト構築でも最適解になる日が近づいていると感じている。

当社でスタートさせたワークフローリニューアルで生み出された「スマートフォンファーストワークフロー」については、chapter4でその概要と詳細を説明する。

» お客様の使い方に、Webサイトも変化しなければならない

スマートフォンファーストの時代に、私たちWebサイト制作会社が目指すものは何か？
お客様が素早く答えにたどり着ける。
それこそが、私たちがなし得なければならないことだ。つまりそれは、すべてにおいて、顧客ニーズの最適化に他ならない。
スマートフォンファーストワークフローが目指すものは顧客ニーズ最適化であり、スマートフォンユーザーに対応したWebサイトでやらねばならないことも、やはり顧客ニーズ最適化なのだ。
検索エンジンから飛び込んできたお客様は、そのページで答えがほしいのだ。縦スクロールはページへの移動がないため問題ないが、お客様は別のページへ行き来せず、すべての情報を知り、とにかく早く最適解にたどり着きたいのだ。猶予は3クリック以内、1ページ目は1秒以内に答えがあるかどうかわからなければならない。
顧客ニーズ最適化ができないWebサイトは、スマートフォンの時代には、取り残されたWebサイトになることは、明白だ。

すべてのシチュエーションでスマートフォンを利用

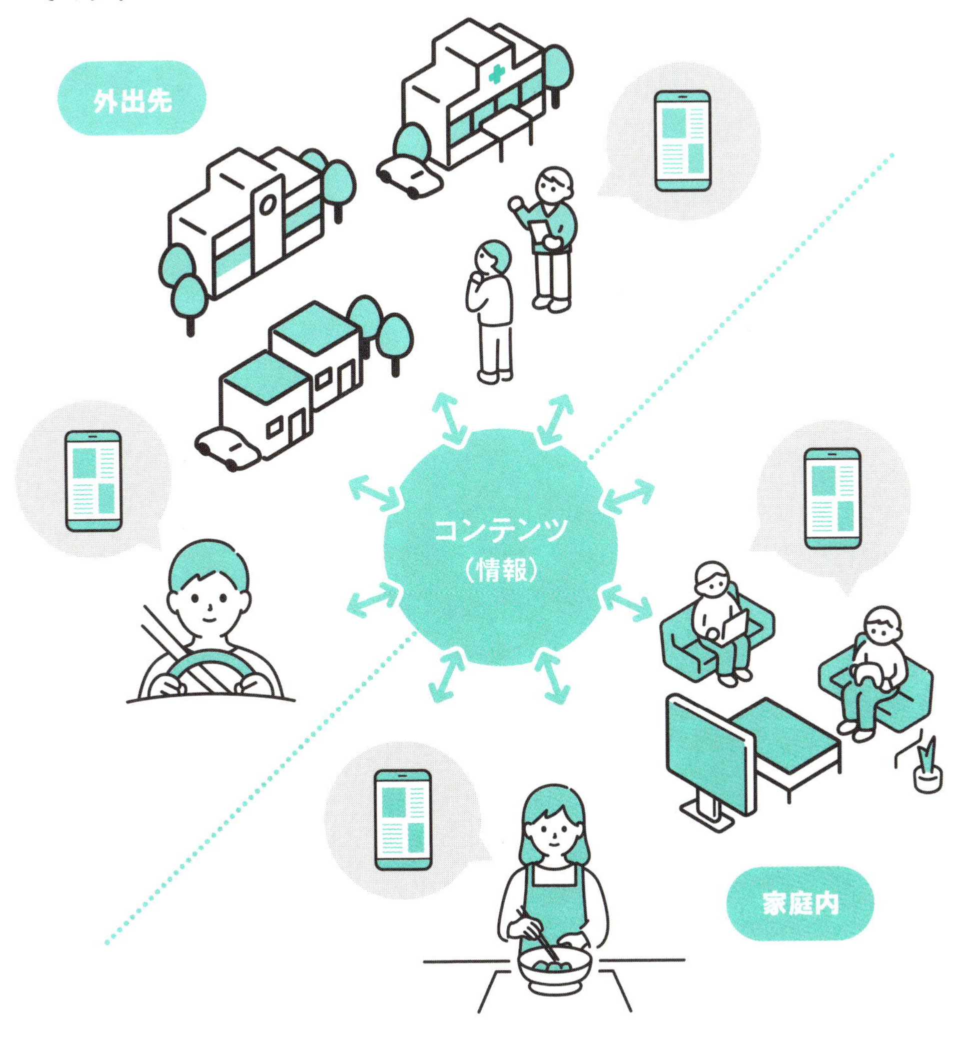

chapter

スマートフォンファーストで顧客ニーズに対応せよ

2-2 デザインの意味が設計に変わる瞬間

銀行のATMや自動販売機のような、誰でも利用できることが絶対条件

PCのリテラシーがあることが前提

スマートフォンの時代において、デザインの意味や価値が大幅に変化している。Googleが提唱するマテリアルデザインを見れば、Googleがスマートフォンのデザインをどのように考えているのかがよく理解できる。

筆者は、Googleがスマートフォンのデザインを ATM のようにしたいのだと考えている。

子どもからお年寄りまで、誰でも説明なく利用できる。

そんなデザインを目指せと言っているように感じる。

特にスマートフォンアプリは、すでにそのような状況になっている。動画配信サービスやSNS、オークションサイトなど、あらゆるサイトにおいて、すべて似通ったインターフェイス、いわばデザインになっているのだ。違いがあるとすれば、色くらいだろう。

スマートフォンファーストワークフローは、従来で言うデザインという概念がない。「ユーザー体験シナリオ」に最適化されたプロトタイプですべてのデザインが決まる。

すなわちコンテンツがデザインを決めるのだ。

もっと詳細に言えば、コンテンツが入る箱、つまり一つのコンポーネント設計こそがデザインであり、動線設計こそがデザインなのだ。

スマートフォンの使いやすさは、マテリアルデザインに聞け

ユーザビリティは、日本語では「使いやすさ」と訳されている。しかし、この「使いやすさ」を定義するのは、大変難しい。

なぜなら、製品の性格やその製品を使うお客様、その製品をお客様が使う利用状況などによって、「使いやすさ」は様々に変化するからだ。

さらに、あらゆる製品は新しい機能が備わったり、新しいデザインになったり、日々進化し続けている。製品の進化に伴って、「使いやすさ」も進化しなければならない。

Googleが提唱するマテリアルデザイン

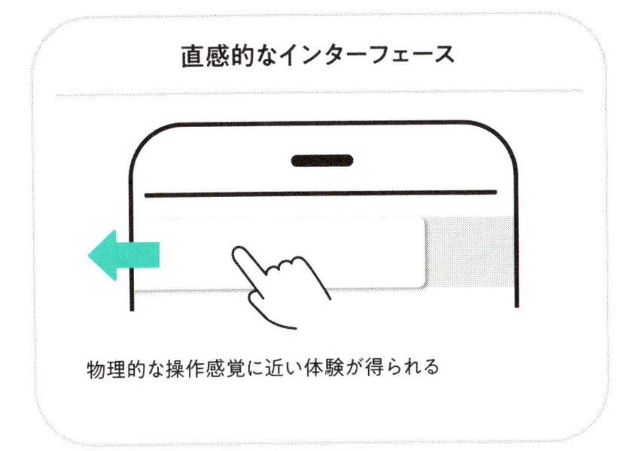

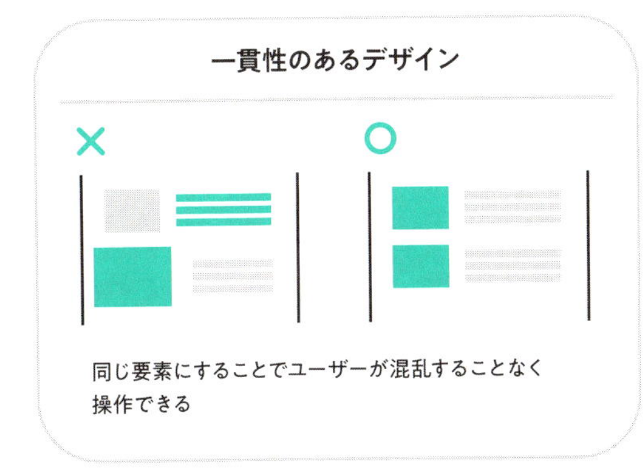

chapter 2-3

スマートフォンファーストで顧客ニーズに対応せよ

CMSがWebサイトの基盤になる日

☰ One to Oneマーケティングが当たり前になる日を目指せ

» お客様は、Webの閲覧ですら面倒になる

スマートフォンファーストワークフローは、基盤の仕組みにCMSが導入されることが前提になっている。

なぜならば、スマートフォンの時代において、顧客ニーズ最適化をなし得るために、コンテンツ一元管理は必須の条件だからだ。これがないと、One to Oneマーケティング（以降、One to One）やMA、レコメンドツールなどが有効に機能しなかったり、コンテンツの登録が二重管理になったりする。

また、これを可視化するためにCMSでプロトタイプを制作しないと、大型のサイトは、プロトタイプを作るだけで、とんでもない時間がかかってしまう。さらに、頻繁な仮説検証のスキームにより、レスポンスの良い修正が求められるが、これにも対応できない。

お客様にも、クライアントにも、制作者にも、このコンテンツ一元管理なくして顧客ニーズ最適化の実現はありえない。

» 簡単なレコメンドからスタートするだけでも、使い勝手は劇的に向上する

顧客ニーズ最適化をなし得る。このためにはOne to Oneによる対応は、必然であり必須だ。

しかし、いきなり最初から、個人を特定するOne to Oneの実践を急がなくても良い。

ノウハウもなく個人を特定するOne to Oneを行っても成果に結びつかないだけでなく、しつこく付きまとう広告のように、悪い印象を与えてしまうかもしれない。

だから最初は、あるカテゴリの人にはこのコンテンツ、このページを見たい人には、このコンテンツレベルのOne to Oneで構わない。案外、これが有効に機能する企業は多いはずだ。

これからのWebサイトのあるべき姿

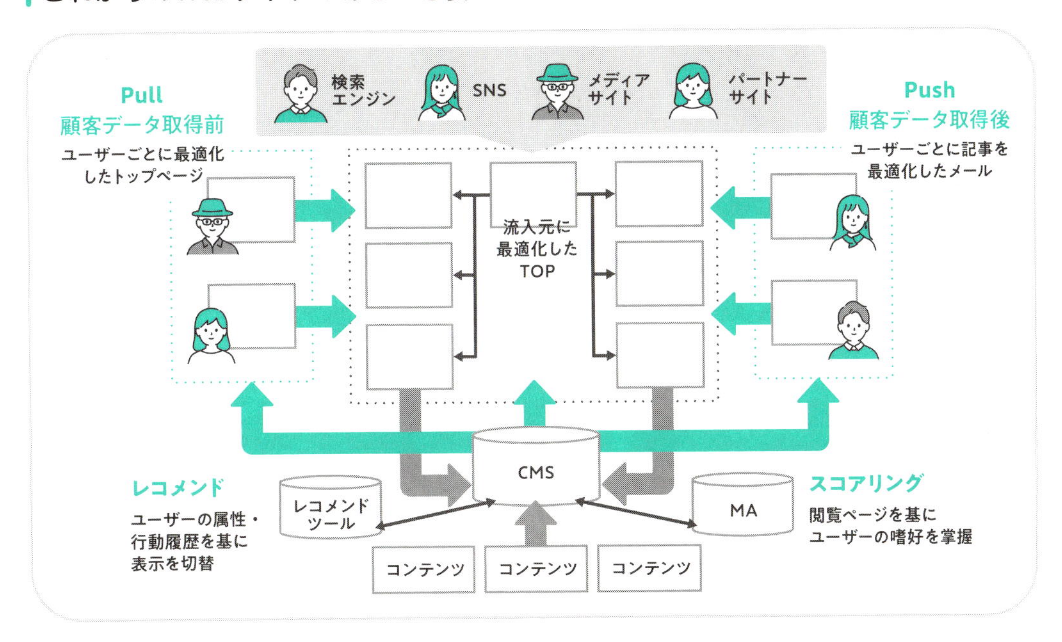

ユーザー属性に基づくコンテンツ出し分け(One to One)の例

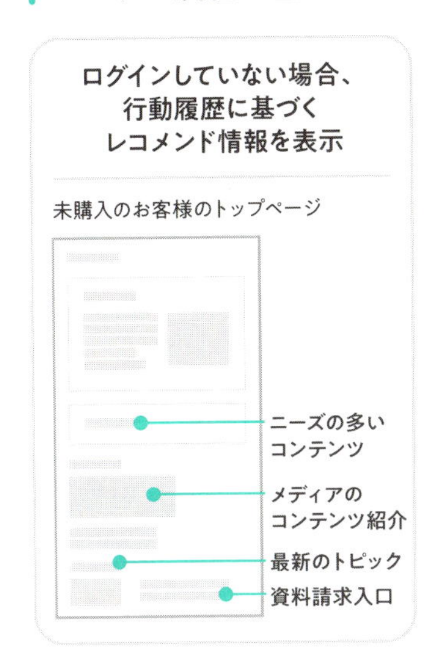

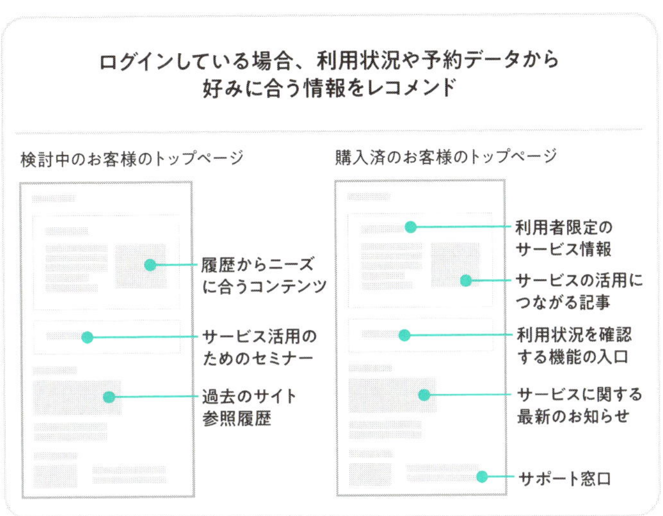

chapter
2-4 スマートフォンファーストで顧客ニーズに対応せよ だから今こそコンテンツファースト

☰ コンテンツ イズ キングの時代が、やっと訪れる

≫ 仕組みからコンテンツへ、そしてサービスへ

一昔前に「モバイルファースト」と呼ばれていたこの言葉は、現代風にアレンジするならば「コンテンツファースト」と言い換えることができる。
そもそも、1-2で述べた通り、「モバイルファースト」とは「モバイルサイトから作りましょう」という意味ではない。「モバイルも含めて、お客様の導線のすべてを検討する。その上で、最適なコンテンツを作成しましょう」という、Webサイト構築の基本となる考え方である。
ここでは、わかりやすくするために「コンテンツファースト」と呼ぶことにする。意味は同じだが、「モバイルも含めて、マルチデバイスに対して検討していかなければならない」部分が付加される。
Googleもよりコンテンツファーストに変化していく中で、制作するコンテンツもシンプルにわかりやすい構造であることが必要になる。従来のディレクトリ構造を基本にするのではなく、お客様が閲覧するコンテンツの構造こそを基本とする。
つまり、関連する情報が1つのページ・URLにまとめられているのではなく、複数のページや外部サイトに分散している意味的構造だ。平たく言えば、お客様が閲覧する可能性のある類似のコンテンツを横渡りした構造が重要になる。

コンテンツこそが、Webサイトの成果を実現するのに必須の要素と言える。
しかし現実には、その効果測定は十分に行われていない。
Webサイト構築において一番重要なことが、その成果を全員が明確に認知する必要がある。最終的な成果は生涯顧客育成であるとしても、そこに到達するまでに何段階かのステップを切る必要がある。
つまり目標の設定だ。さらにその目標が達成されたかどうか、それを確認するために具体的な数値目標や明確な成果が必要となる。

検索エンジンの変化

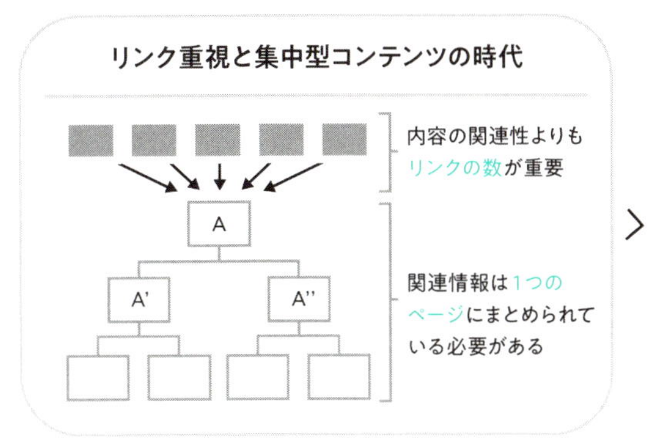

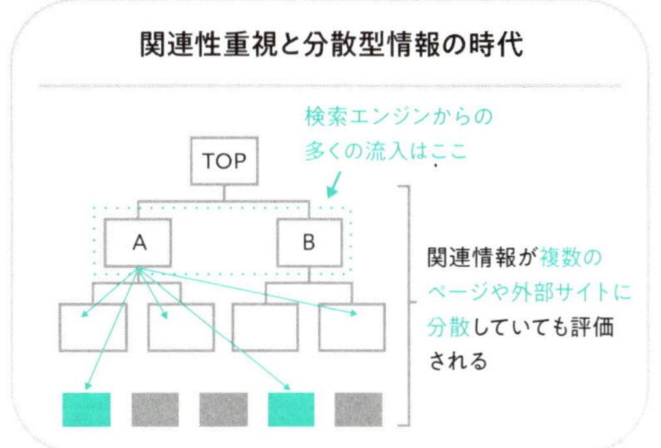

これからの階層構造は、基本3階層

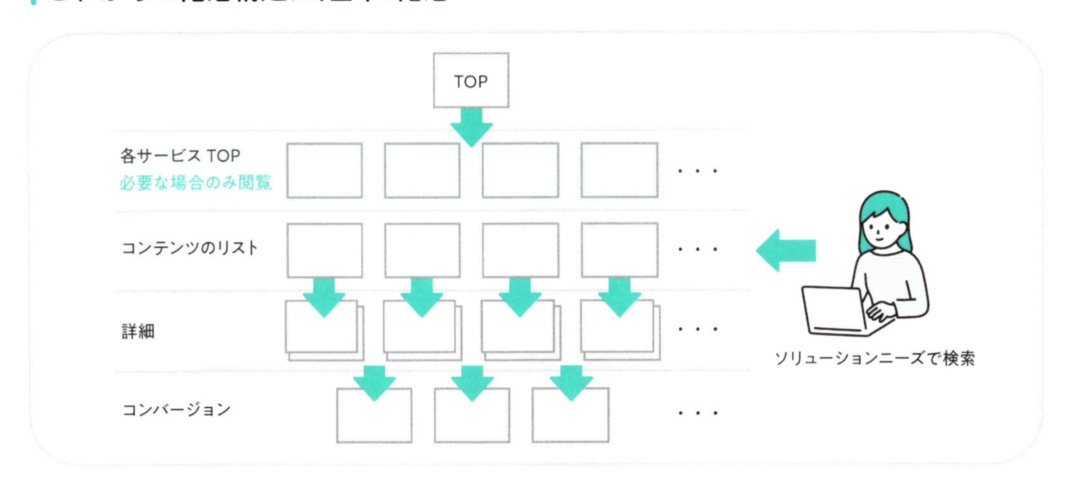

chapter 2-5

スマートフォンファーストで顧客ニーズに対応せよ

どんな成果を求めるのか、成果を設定しないWebサイトは、ないほうがまし

仮説検証なくして、リニューアルはありえない

「仮説」を立てること、それがWebサイト制作には必須

一般的に企業の経営陣は、Webサイトへの広告効果を過大に期待している。単純に「サイトがあること」自体でCIになる、広告になる、と考えている。

しかし、「サイトがあること」だけでは、人を集められないのだ。わざわざ探しに来たお客様がいたとしても、問題解決ができないサイトに来たら、自分の目的を果たせず、逆に悪い印象を持ったりもするものだ。

そうなってしまうと、「サイトがあること」自体がデメリットとなり、逆効果すら生じるわけだ。お客様の目的を果たせない、機能しないサイトであれば、ないほうが良いという考え方もある。さらに最悪なのは、こんなサイトにSEO(検索エンジン対策)を実施しアクセスだけ増やそうという試みをする企業も多く存在する。こんなことをすれば、ますます企業イメージを悪くするだけだ。お客様の問題解決となるWebサイトを構築すれば、おのずとそれが検索エンジン対策にもなっているのだ。逆説的に言えば、まっとうなサイトを作れば、何もしなくても検索サイトの上位に表示されるはずだ。

ただ「あるだけ」ではお客様は来ない。そこにお客様にとっての目的を果たす意味がなければ来ないわけだから、きちんと「どんな体験ができるか」という設定を打ち立てた上で、Webサイトというツールをどう使うのか、Webサイトというメディアで何をするのか、ということを考える必要がある。

Webサイトがあるだけでは何も成果は上がらないのだ。

だから、明確な成果目標が必要になる。このタイミングでは、以下のポイントを仮説とする場合が多い。トップの直帰率減少、トップから2階層目のコンバージョン上昇、コンテンツへの外部からの流入向上、その直帰率減少、コンテンツの横渡りの向上、コンテンツの滞在時間の向上、お問い合わせの向上、営業所のマップアクセスの向上、ECならば、売り上げの向上など。

これらの中から、必要なポイントと施策を検討する。施策における定量的な成果を想定する。Webサイトの調査において、全体の問題点をくまなく調べるようとすると、非常に膨大な時間、資金が必要になる。

ここで有効なのが成果のための「仮説」を立てることだ。「仮説」を立てることで、検証すべきところとそうでないところが明確になり、調査するポイントを絞り込め、効率の良い調査を行え

る。これにより、成果目標を立てるための時間とコストが有効に機能する。
また、調査結果を基に、より良いサービスをお客様へ提供する改善を行う。成果へつなげる「費用対効果の高い調査」が可能なのだ。
本来はリニューアルのための仮説検証ではなく、Webサイト構築のタイミングで制作の前に仮説を立てることが最善と言える。

ダメな例

根本的な問題とユーザーのニーズが重なる箇所が

プロジェクトで「やるべきこと（方向性）」になる

具体例

CHECK **施策の方向性**（やるべきタスク、コンテンツ方向性など）

1. ターゲットユーザーの明確化、成果目標の設定
2. 運用体制構築、マニュアル作成、HTMLテンプレートの導入
3. 製品・サービス情報の整理・情報発信の仕組みを構築

chapter

03

スマートフォンファーストに対応するには

chapter 3-1

スマートフォンファーストに対応するには

作る前に作り方を決める、ごく当たり前の話

ワークフローは常に存在し、それが可視化されていないことが問題だ

すでにワークフローは存在している

ここではワークフローの考え方を基本とし、なぜワークフローが必要なのかを具体的に説明する。Webサイト制作においては、クライアントと制作者間、そして複数の制作者間で、どうしても「溝」が生じやすい。

その「溝」を埋めるため、ワークフローが必要な理由として、大きく以下の3つが考えられる。

1. 制作者の共通認識のため
2. 制作者同士の分業や同時進行を可能にするため
3. クライアント企業が安心して発注するため

1つ目の理由は、「制作者の共通認識のため」だ。

制作に関わるスタッフの思考タイプは多様化しているが、Webサイト制作に限らず、何人かで仕事をする場合は一定のルールが必要になる。本を制作する場合には、編集者、ライター、カメラマン、デザイナー、印刷など、大勢のスタッフによる共同事業となる。

では、本の制作にワークフローは存在するのか？

編集者に聞けば、ひとこと「そんなものはない」と一笑に付されるだろう。カメラマンに聞けば、「それ何？」と反対に聞き返されるかもしれない。ワークフローは存在しないのだ。

それでも本は、きちんと完成する。それはなぜか。

まず、出版業界自体が成熟産業であり、仕事の進め方のルールが一定化しているからだろう。つまりワークフローは存在するが、みんな体で覚えているということだ。

さらに、業界内で使用される言葉、つまり業界用語が統一され、広く普及していることも大きい。制作を進める上での考え方や発想がある程度、統一されるため、効率的な分業を促進している面があるだろう。

さて、Web業界を見れば状況はどうだろうか。もちろん成熟産業ではないので、体で覚えている人など存在するはずもない。さらに、共通言語も存在しない。もっと困ったことに、筆者自身ここが一番の問題だと思うのだが、考え方や発想の方向性が、まったく違う人種が混在して制作

しなければならないということだ。

文系と理系の発想が同じテーブルで、コンセンサスを得なければならないのだ。しかも共通言語もない業界で。建築業界も似ているかもしれない。しかし建築業界では「図面」「設計図」などの共通言語でこの問題を解決しているように思う。Web業界にも共通言語が必要だと理解いただけるだろう。

クライアントと制作者の溝

「いつごろ何が確認できるのか？」「それは修正可能なのか？」クライアントの不安に対応できない制作者が多い。

制作者同士の溝

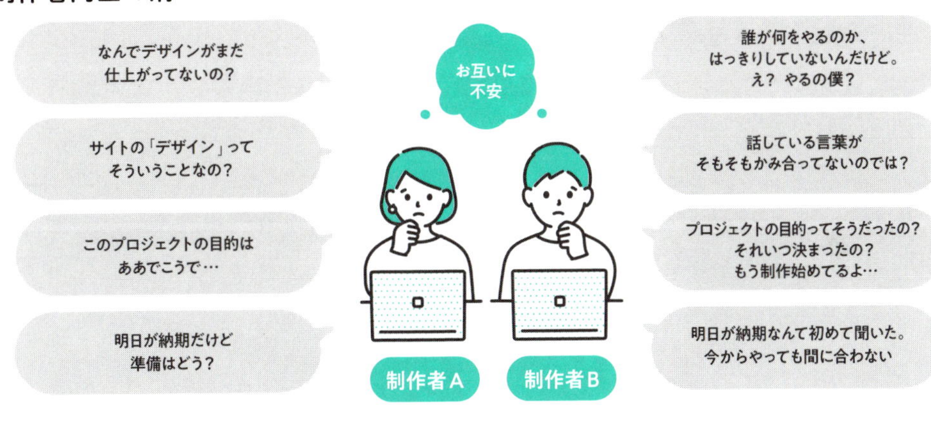

溝を埋めるために！

分業で役割分担する場合、連携する作業、互いの影響範囲など、認識とルールが全員一致していないと、どんどん溝が深くなる。

☰ 参加者が多いプロジェクトは、認識の共通基盤が必須である

Webサイト制作は、クライアントと制作者、関係者全員の共同作業

2つ目の理由は、「分業（コラボレーション）や同時進行を可能にするため」だ。

もちろんすべてを一人でこなすという制作者もいるだろう。しかし、多くの制作者が分業を余儀なくされるのがWebサイト制作だ。

昨今のWebサイト制作では、有効な成果を求められる場合が多いため、専業特化したプロフェッショナルが必要になる。

前述した1つ目の理由の中で、共通言語がないことにふれた。それに加えて、「仕事の進め方」ももちろん共通ではない。これでは、分業自体が成り立たない。

どのタイミングで、どんなアウトプットが完成するのか、どんな資料が渡されるのか。これらを明確にしておく必要があるのだ。

複数の制作者との共同作業が必要な仕事だということ。もちろん、どんな仕事でも、制作者と意志の疎通、共通認識が必要であることは変わらない。しかし特にWebサイト制作においては、この部分がキモになる。

3つ目の理由は、「クライアント企業が安心して発注できるようにするため」だ。

これは、Webサイトそのものの特性とも関連がある。Webサイトは、納品して終わりの制作物ではないからだ。Webサイト以外の制作物でも、納品してからスタートする納品物はある。これらに共通するポイントは、「納品後」をきちんと想定して制作し、なおかつタスクや必要なリソースを明確に提示しておく必要がある。

クライアントと制作者、そして制作者同士の溝を埋める「共通の土台」が必要

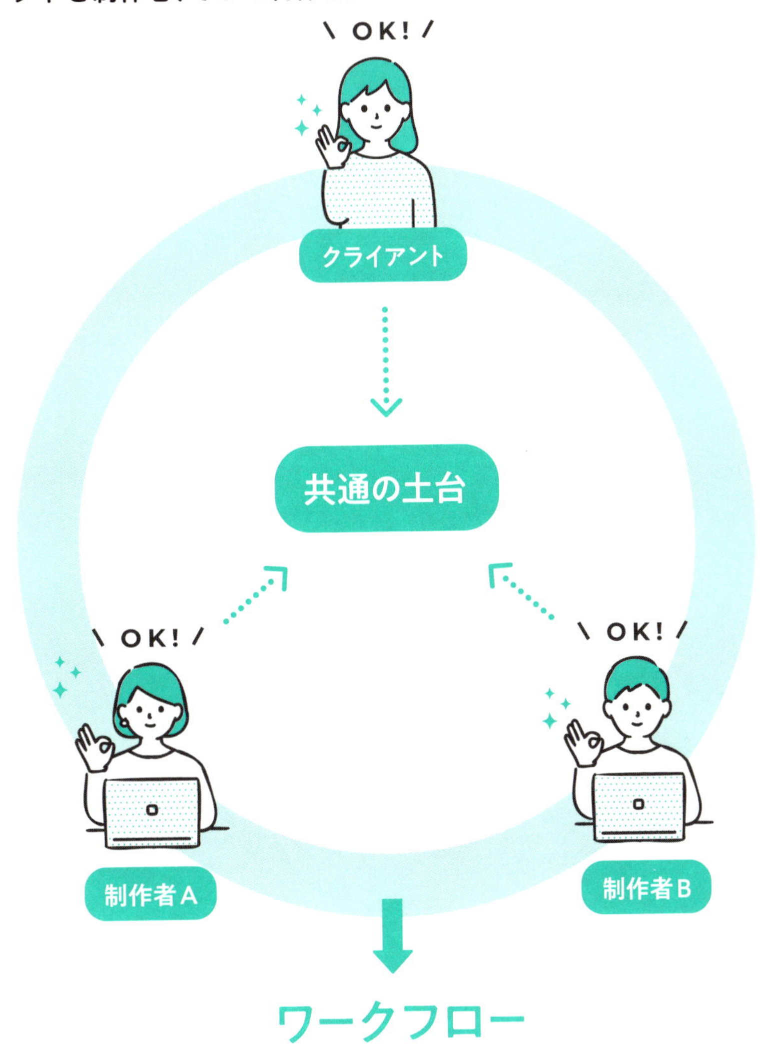

chapter **3-2**

スマートフォンファーストに対応するには

プロジェクトの大型化が、プロジェクトの難易度を高める

☰ 担当者に、どこまでスキルが必要になるのか？

≫ 担当者のスキルを期待するな

プロジェクトが大型化すれば、担当者は最終アウトプットを待ってフィードバックすることが難しくなる。つまり、納期の問題や認識の問題がプロジェクトの最後に発生すると、取り返しがつかない。
ありがたいことに、30年制作に携わる人間から言えば、年々、Webサイトへの期待が高まり、さらに大型化し、企業の主たるプロジェクトとして全社を巻き込むプロジェクトも多くなってきた。

全社を巻き込むプロジェクトになると、どこでチェックできるのか？　いつまで直せるのか？
担当者や関わる人たちは、不安でいっぱいだ！
さらにここに大きなコストが動くと知れば、いつまでに、何ができて、アウトプットのサンプルが用意され、コストは概算でいくら、など要件が明確にされている必要がある。明確な事前の説明なくして、この規模のプロジェクトを受注することさえできない。

「大型の案件が受注できない」「上流工程から受注できない」。そんな声をよく聞く。
なぜか？
それは、その会社にクライアントに提案できる明確なワークフローがないからである。
なんとなくの進め方なら、きっとどこの制作会社でも提案できるだろう。しかしそれでは、クライアントの担当者は安心して発注できない。アウトプットサンプル、明確な納品物のサンプル、プレゼンのタイミングや修正の可能な範囲、納品の期限など、これらが提供されない限り、担当者の不安は尽きない。

何より、全社的なプロジェクトに位置付けられるWebサイト制作が増えた今、前職が営業部や経理部だった人がWebサイト制作の担当者になるケースも珍しくない。Webサイト制作は、もはや一般業務と同様に、普遍的な業務と言える。
昔、Webサイト制作の担当者は「インターネットが好きで詳しい人が押しつけられてやる」が定番中の定番だった。結果として、Webサイト制作担当者はネットリテラシーの高い人が多く、

Webサイト制作のノウハウに精通する人も少なくなかった。
しかし今では、普通の人がWebサイト制作担当者になるのはごくごく一般的。必ずしもネットリテラシーが高い人ばかりではないため、どんな人がWebサイト制作を担当者することになっても滞りなくプロジェクトを進捗できるよう、明確なワークフローを確立する必要性は高まっているのだ。

大型の案件を受注したいすべての制作会社の方は、より精度の高いオリジナルのワークフローを確立することをお勧めする。
これから説明するワークフローが、その参考になれば幸いだ。

担当者がWebサイト制作を理解しない時代に

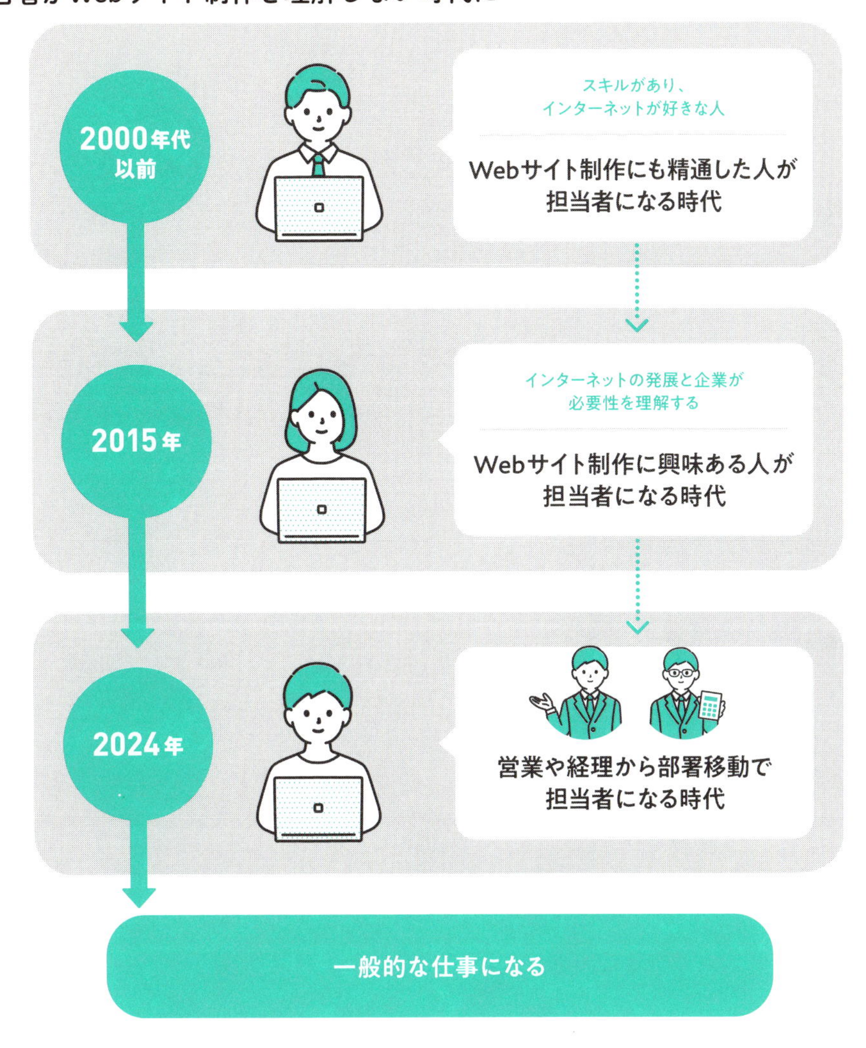

chapter

3-3 プロトタイプが必要な時代に

スマートフォンファーストに対応するには

出来上がりの見える化が必要な時代

なぜプロトタイプ？

スマートフォンファーストへの移行で一番困難なのは、最適解が誰にもわからないということだ。さらに厄介なのは、お客様のニーズの移り変わりや、インターネットそのものの変化のスピードがさらに速まっていること。つまり、PDCAサイクルをゆっくり回している暇はないのだ。ゆえに、このワークフローの中心にあるのは、「プロトタイプ」という概念になる。仮説と検証をすばやく繰り返しながら、正解を見出していくスピード感を持つ必要がある。そのために行うスマートフォンファーストワークフローのことを、弊社内では「Prototype driven Workflow」と呼んでいる。これは、クライアントの理解を促進して、我々自身もきちんと確認しながらプロジェクトを進行できるワークフローである。

さらに、前述した、昨今増えているWebサイト制作のノウハウが高くない人が担当になるケースにも対応できるよう、Webサイト構築に必要なのは「見える化」である。ここでも「Prototype driven Workflow」が必要になるのだ。

プロトタイプ詳細

1. 構造プロトタイプ

汎用コンポーネントリストをWebサイトに最適化し、「トップ」、「リスト」、「リーフ」の3階層を各1枚作成。リストはカテゴリー数分、リーフはリスト数分コピー。これで全体プロトタイプが完成。リスト、リーフが多数ある場合は代表的なもののみ選択。全体像を動作する形で把握するためのプロトタイプとして機能する。

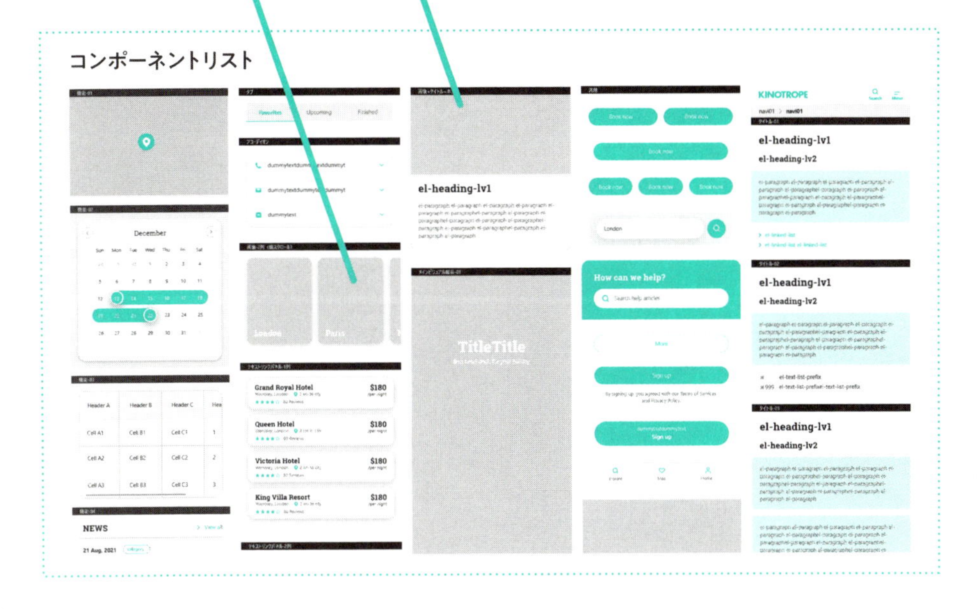

2. ユーザー体験シナリオプロトタイプ

ユーザー体験シナリオ、つまりユーザーの動線に基づいたプロトタイプを作成することで、ユーザーの行動パターンを中心に据えたWebサイトの構築が可能となる。
たとえば、入口から出口までのプロトタイプを作成すれば、ユーザーの動線の確認ができる。また、このプロトタイプを全体構造プロトタイプのどこに組み込むかの検討も容易になる。

LP

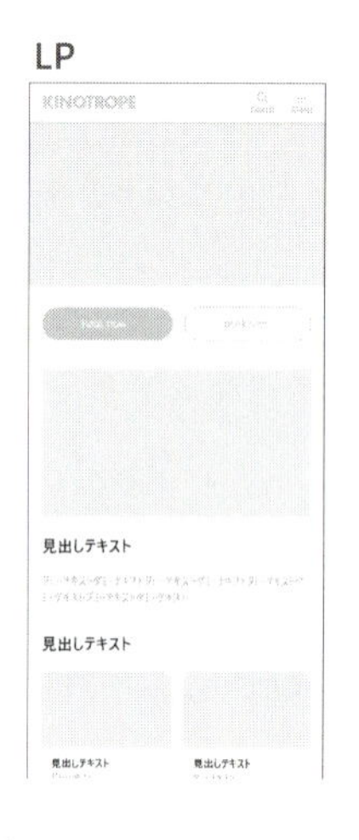

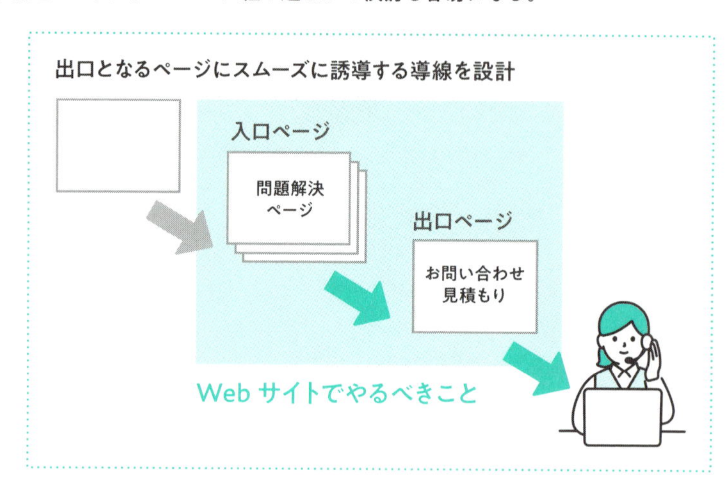

3.CMSプロトタイプ

CMS設計に基づき、これまでの2つのプロトタイプをCMSに組み込んでいく。この段階からWebサイトはCMSで管理されるようになる。これにより、クライアントは早い段階からCMSの管理ページを確認することが可能となり、設計の問題点をこのタイミングで発見できる。

CMSの管理ページ

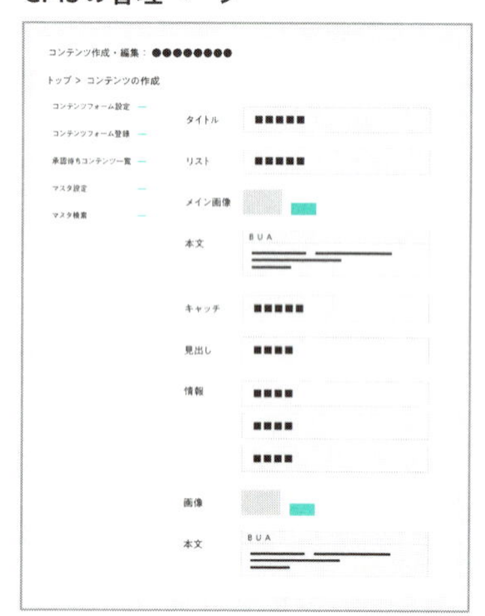

CMSの設計書

4.素材収集プロトタイプ

CMSプロトタイプは、素材収集の役割も果たし、クライアントは直接素材を投入することでバランスや文字量を確認できる。
ページ数が多い場合は、プログラムを使用してこのプロトタイプのページを直接作成し、コンテンツを自動投入することも可能。

5.運用プロトタイプ

公開されたWebサイトのアクセスログを分析し、仮説を立てる。
改善のために、公開されたWebサイトのコピーを運用プロトタイプとして用意して利用する。
これにより、実際に公開されたサイトに限りなく近い環境で、改善の試行錯誤を行うことが可能となる。

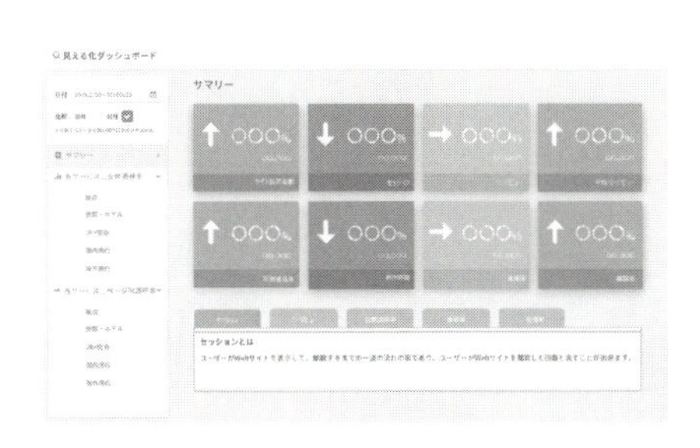

chapter

04

スマートフォン
ファーストワークフロー詳細

chapter **4-1**

スマートフォンファーストワークフロー詳細

スマートフォンファースト ワークフロー概要

お客様、クライアント、制作者、すべての関係者にスマートフォン最適化を促す

前述してきたように、スマートフォンは、お客様、クライアント、制作者と、Webサイト制作に関わるすべての関係者に、劇的なライフスタイルの変化をもたらした。このダイナミックな変化に最適化するため、スマートフォンファーストワークフローは生まれた。

しかしWebサイト制作会社も、スマートフォンサイト制作に長く携わっている者ですら15年程度の経験しかなく、ノウハウを十分に持っているとは言い難いだろう。

だからこそ私たちWebサイト制作会社は、きちんとしたワークフローの確立を目指して、試行錯誤を繰り返す必要がある。3-3でも説明したように、スマートフォンファーストワークフローは「Prototype driven Workflow」にならなければならないのだ。

本章では、当社が蓄積してきたメソッドを背景にしたワークフローを解説するが、ポイントを簡略に述べるならば、
1.お客様に最適化のために、スマートフォンに最適化(PC版も)することを目指す！
2.クライアントに最適化するためにプロトタイピングを利用して、クライアントだけでなく制作者も最適化する！
となる。

ただ、それぞれのPhaseを、もう少し掘り下げてダイジェストしていこう。

- Phase 0：クライアントの要望を汲み取り成果の上がる仮説提案を作り上げる
- Phase 1：どんなプロジェクトでも重要となる現状把握を行う
- Phase 2：根本的な問題を明示することでプロジェクトの方向性を明確に示す
- Phase 3：「ユーザー体験シナリオ」を基にユーザビリティや導線設計を行う
- Phase 4：プロジェクトにおいて最大のポイントと言える成果の設定を行う
- Phase 5：ユーザー体験シナリオで洗い出した導線を実際のWebサイトで検証して再設計する
- Phase 6：最終的に公開されるWebサイトで利用するための制作と開発を行う
- Phase 7：Webサイトならではのノウハウが必要となるコンテンツ制作
- Phase 8：コンテンツを一元管理するCMSのメリットを生かすデータ投入を行う

• Phase 9： Webサイト構築の本当のスタートラインともよべる効果検証・改善提案を行う

Phase0からPhase5前半は、プロトタイプを基に、一般的なワークフローでよくみられるウォーターホール的、つまり段階的ワークフロー、Phase6からPhase8までは並行作業とスクラップアンドビルドが可能なアジャイル的進行が可能なワークフローである。Phase9では効果検証を通じて、改善提案につなげられる。
特に軽んじられる、前半の上流工程に、しっかりと時間をかけることのできるワークフローといえよう。

注意事項

本章では、スマートフォンワークフローの各Phaseを具体的に、かつ詳細に解説する都合上、専門用語に関する補足説明や注釈などは控えめにしている。そのため、どうしてもWebサイト制作経験者向けの内容になっている。
本章の4-2以降のセクションでは、前半で各Phaseのチャート図を掲載しながら、それぞれの工程の流れが明確になるよう端的に図解している。チャートで図解している工程は、当社が蓄積してきたメソッドにより実践・確立してきたものであり、多くのWebサイト制作経験者にとっても馴染みのあるものだろう。
そして後半の「キノトロープメソッド」では、Phaseごとの、当社が実際にクライアントに提示している具体的な施策や、制作実績であるアウトプットイメージも紹介している。
しかし、Webサイト制作の初学者にとって、本章のチャート図、具体的な施策、アウトプットイメージなどは、はじめのうちは難解に感じられるかもしれない。それでも、Webサイト制作の経験を積むことで各工程の流れを理解していくうちに、本章で紹介するスマートフォンファーストワークフローの有効性を実感できるはずだ。

スマートフォンファーストワークフロー

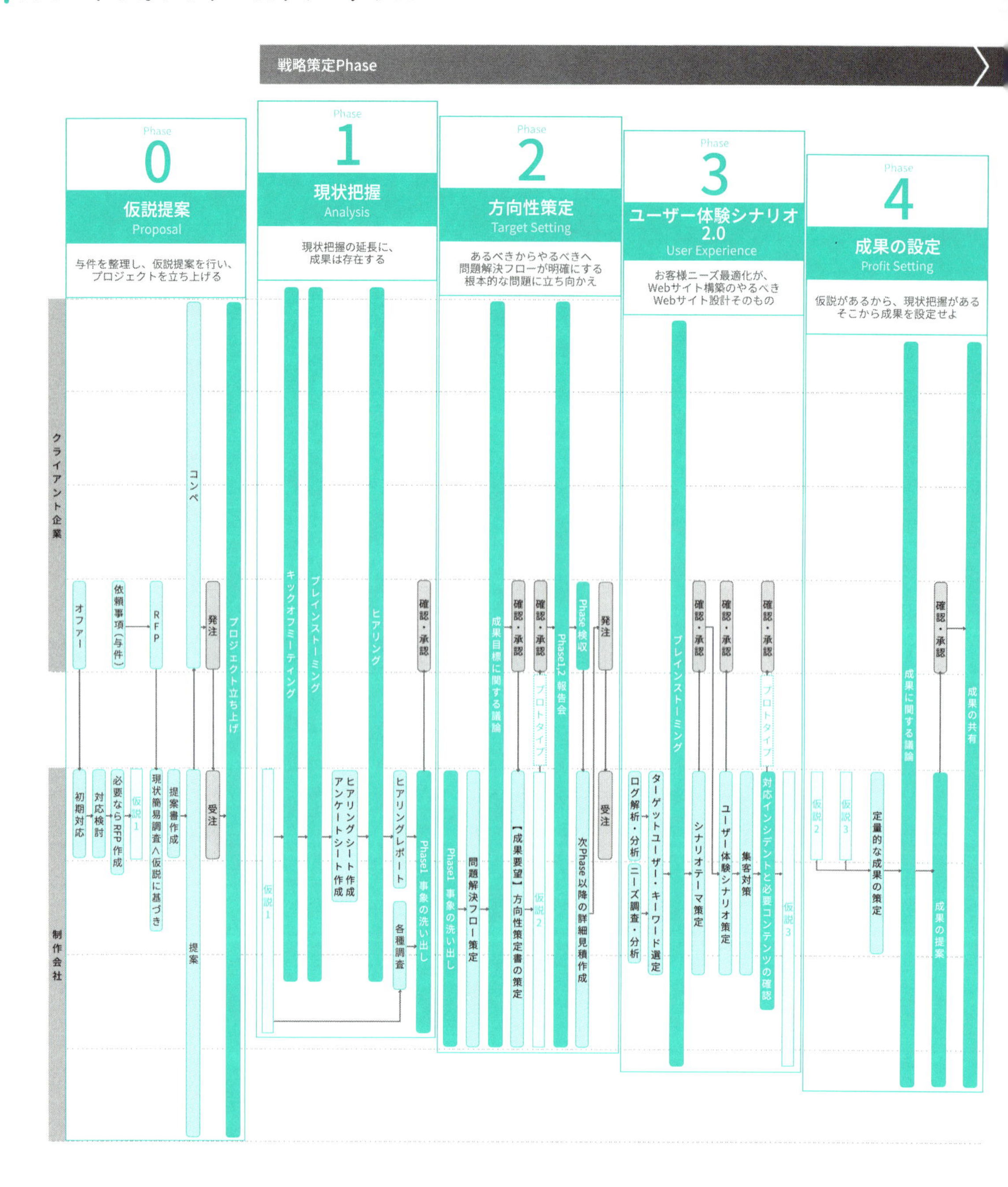

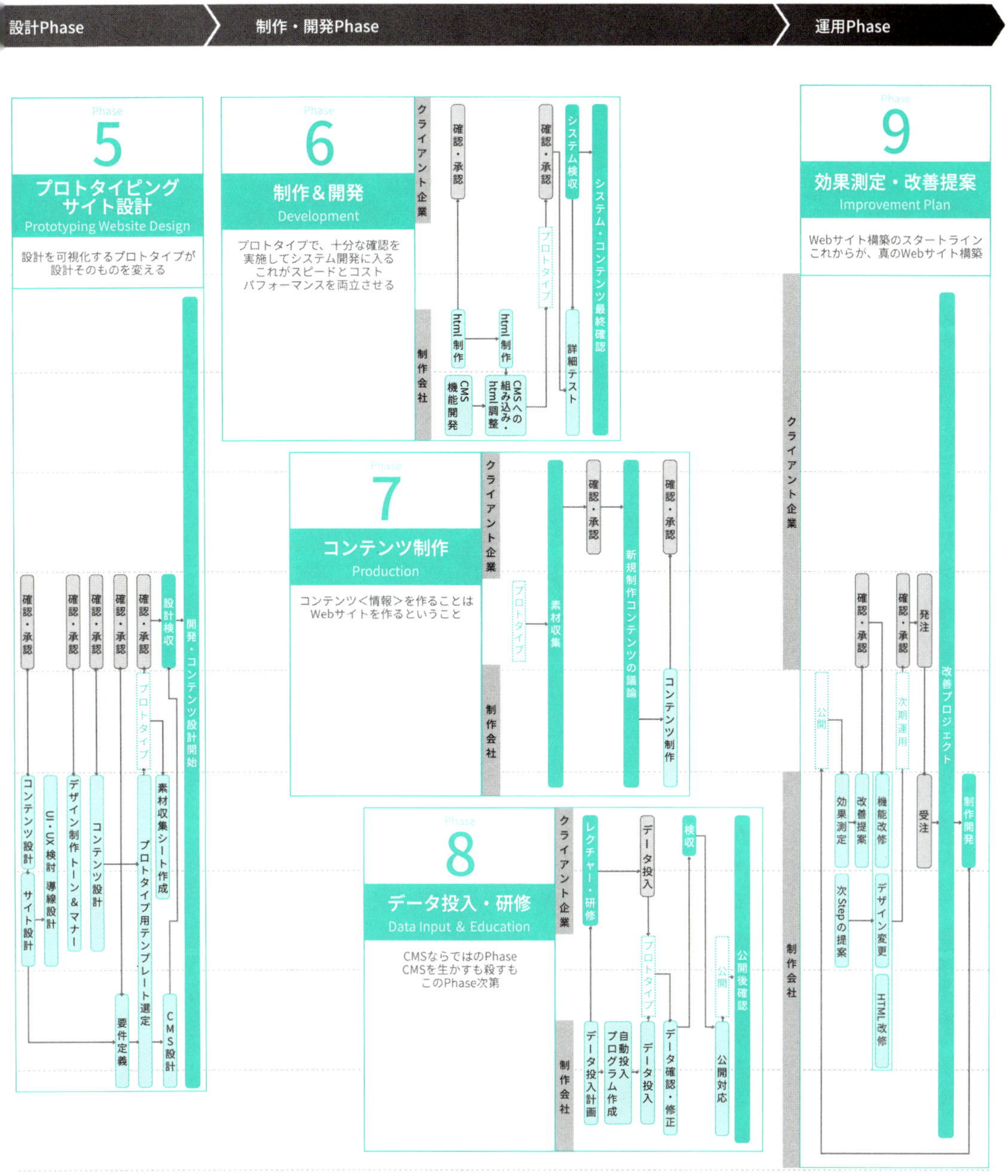

設計Phase　制作・開発Phase　運用Phase

Phase
5
プロトタイピングサイト設計
Prototyping Website Design

設計を可視化するプロトタイプが
設計そのものを変える

開発・コンテンツ設計開始
設計検収
確認・承認
確認・承認
確認・承認
確認・承認
確認・承認
プロトタイプ
コンテンツ設計
サイト設計
UI・UX検討 導線設計
デザイン制作トーン＆マナー
コンテンツ設計
プロトタイプ用テンプレート選定
素材収集シート作成
要件定義
CMS設計

Phase
6
制作＆開発
Development

プロトタイプで、十分な確認を
実施してシステム開発に入る
これがスピードとコスト
パフォーマンスを両立させる

クライアント企業
制作会社
確認・承認
確認・承認
システム検収
システム・コンテンツ最終確認
プロトタイプ
html制作
html制作
CMS機能開発
CMSへの組み込み・html調整
詳細テスト

Phase
7
コンテンツ制作
Production

コンテンツ＜情報＞を作ることは
Webサイトを作るということ

クライアント企業
制作会社
プロトタイプ
素材収集
確認・承認
新規制作コンテンツの議論
確認・承認
コンテンツ制作

Phase
8
データ投入・研修
Data Input & Education

CMSならではのPhase
CMSを生かすも殺すも
このPhase次第

クライアント企業
制作会社
レクチャー・研修
データ投入
検収
公開後確認
プロトタイプ
公開
データ投入計画
自動投入プログラム作成
データ投入
データ確認・修正
公開対応

Phase
9
効果測定・改善提案
Improvement Plan

Webサイト構築のスタートライン
これからが、真のWebサイト構築

クライアント企業
制作会社
確認・承認
確認・承認
発注
改善プロジェクト
公開
次期運用
効果測定
改善提案
機能改修
受注
制作開発
次Stepの提案
デザイン変更
HTML改修

第4章

スマートフォンファーストワークフロー詳細

chapter 4-2

Phase0　仮説提案 Proposal

» 仮説から始まる、それがスマートフォンファーストワークフロー 仮説～検証とプロトタイプドリブンがWeb制作のすべてを変える

Phase0の目的は、要望を整理することではない。
クライアントと成果を共有する、もしくは成果を提案することである。
制作者にとっては、「仮説～検証」のスタート地点と心得よ。
与件を整理し、仮説を提案してプロジェクトを立ち上げる…、このPhaseは他と比較すると少し特殊かもしれない。
当社はほぼ100%リニューアル案件に携わっており、改善提案やRFPの作成相談を受けることが多く、このようなPhaseが必要になるのである。当社と同様に、クライアントとの上流工程に関わる制作会社にとっても、このPhaseは必須であると考える。
しかし、このPhaseで留意したいのは、改善提案やRFPを作ることが第一なのではなく、成果を上げる仮説を提案することこそ最重要であることだ。
前述してきたがクライアントにはWebサイト制作の経験がない担当者がつくこともある。「売上を上げたい」「各SNSのフォロワーや登録者を増やしたい」など、クライアント担当者の素直な言葉をそのまま鵜呑みにすると、その後痛い目に遭う。
もちろんクライアント担当者自身も、誠意を持って「本当にやりたいこと」を成し遂げる手法を考えてくれる。しかし、残念ながら、それら手法は間違っていることが多い。そのため、クライアントの要望を汲み取り、成果を上げる仮説を作り上げることが重要なのである。
クライアントの要望を聞くだけでなく、その奥底にある成し遂げるべきことを汲み取り、仮説を立て提案する。このPhaseが自分たちがプロのWebサイト制作会社と言えるかどうか、第一の試金石であると心得なければならない。

Phase0　仮説提案

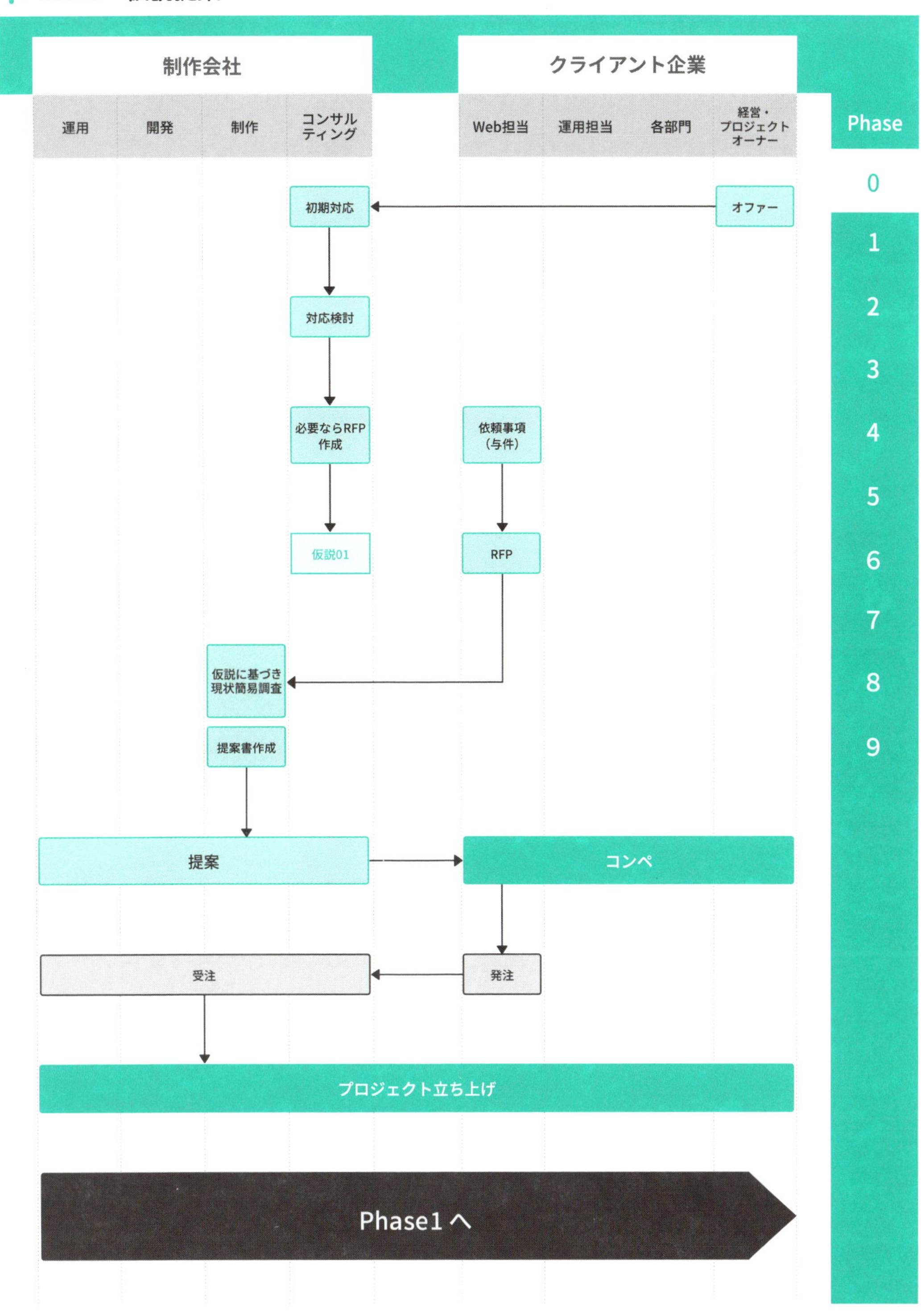

制作会社
クライアント企業
運用
開発
制作
コンサルティング
Web担当
運用担当
各部門
経営・プロジェクトオーナー
Phase
0
1
2
3
4
5
6
7
8
9
初期対応
オファー
対応検討
必要ならRFP作成
依頼事項（与件）
仮説01
RFP
仮説に基づき現状簡易調査
提案書作成
提案
コンペ
受注
発注
プロジェクト立ち上げ
Phase1 へ

与件を整理し、RFPを作成してプロジェクトを立ち上げる

キノトロープメソッド

具体的な施策

RFP作成の場合

1. 範囲を決める
2. 目的（求める成果）を定める
3. 予算を決める
4. スケジュールを決める
5. 具体的要件

提案書作成の場合

1. 現状調査
2. プロジェクトコンセプト
3. あるべき姿の提案
4. 実施概要
5. STEP論
6. 概要コスト
7. 概要スケジュール

必要なアウトプット

- RFP（本来発注側からのアウトプット）
- 提案書　仮説01策定

スマートフォンファーストワークフローは「Prototype driven Workflow」。
それは、素早い「仮説・検証」の繰り返しを基本とすることを意味している。
このスピード感こそが、これからのWeb構築になくてはならない基盤となる！
提案時に、スマートフォンファーストを認識してもらうためのHTMLプロトタイプを提出する場合もある。

提案書　アウトプットイメージ

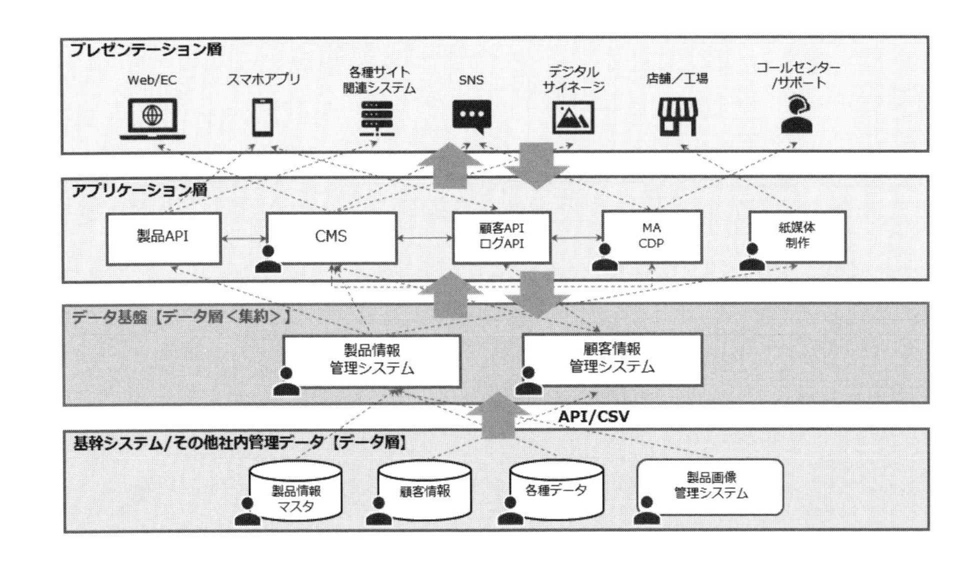

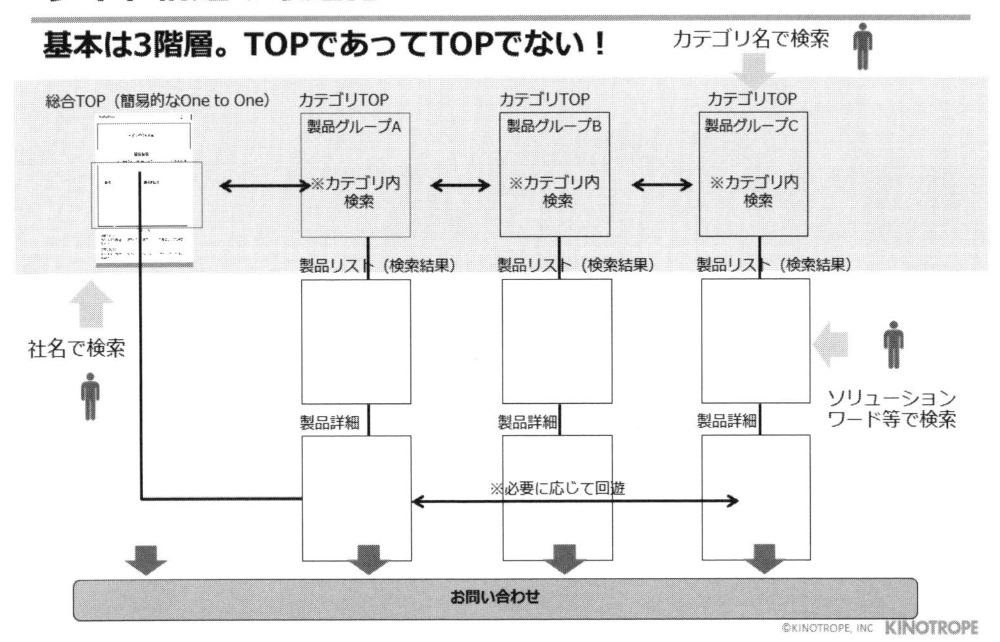

chapter 4-3

スマートフォンファーストワークフロー詳細

Phase1　現状把握 Analysis

現状把握なくして、プロジェクトの成功なし 今を知ることが、未来を見極めるスタートライン

どんなプロジェクトでも、一番大事なことは現状把握だ。
そのためPhase1で最も重要なことは、現状を十分把握することになる。
過去のデータや実績に基づいて、その上に物事を積み上げていくフォアキャスティングの手法こそが、Phase1に活きてくる。

同じ「事象」を認知しても、人により捉え方は様々

当たり前だと思っている現状の問題点も、よく聞いてみると、捉え方は人それぞれ。
現状の事実の受け止め方には、置かれている立場や担当している仕事などで大きく変化する。
そもそも関わるメンバー間で、現状の認識が共有されていること自体、まれな話だ。
だからこそ「事象」をきちんと調査して、現状を把握する必要がある。

事象や感想は問題ではない

一般に、事象や個人的感想が「問題」と呼ばれ、それらが客観視できていないことが多い。「問題」と見なされることの大半が、本来の問題によって引き起こされる最終的な現象に過ぎないことが珍しくない。
そのため、当社では真にお客様視点の設計・問題解決できるWebサイトの実現をするために、「事象」と「問題」を分けて考えることにしている。
ある事象が観察できたとしても、その事象を受け止める「ユーザー」と「ユーザーの取り巻く状況」が組み合わさって初めて、その事象が問題であるかどうかが判断できる。
より具体的に述べると、「ユーザーが誰か」を把握して、「ユーザーがどのようなニーズを持っているのか」という状況が明確になって初めて「問題」がわかる。すなわち「ユーザーの洗い出し」と「ユーザー体験シナリオ」の設定が不可欠とも言えよう。
根本的な問題の把握こそが、現状把握のゴールである。目的を達成するため、越えなければならない、明確なハードルと言える。

Phase1　現状把握　Analysis

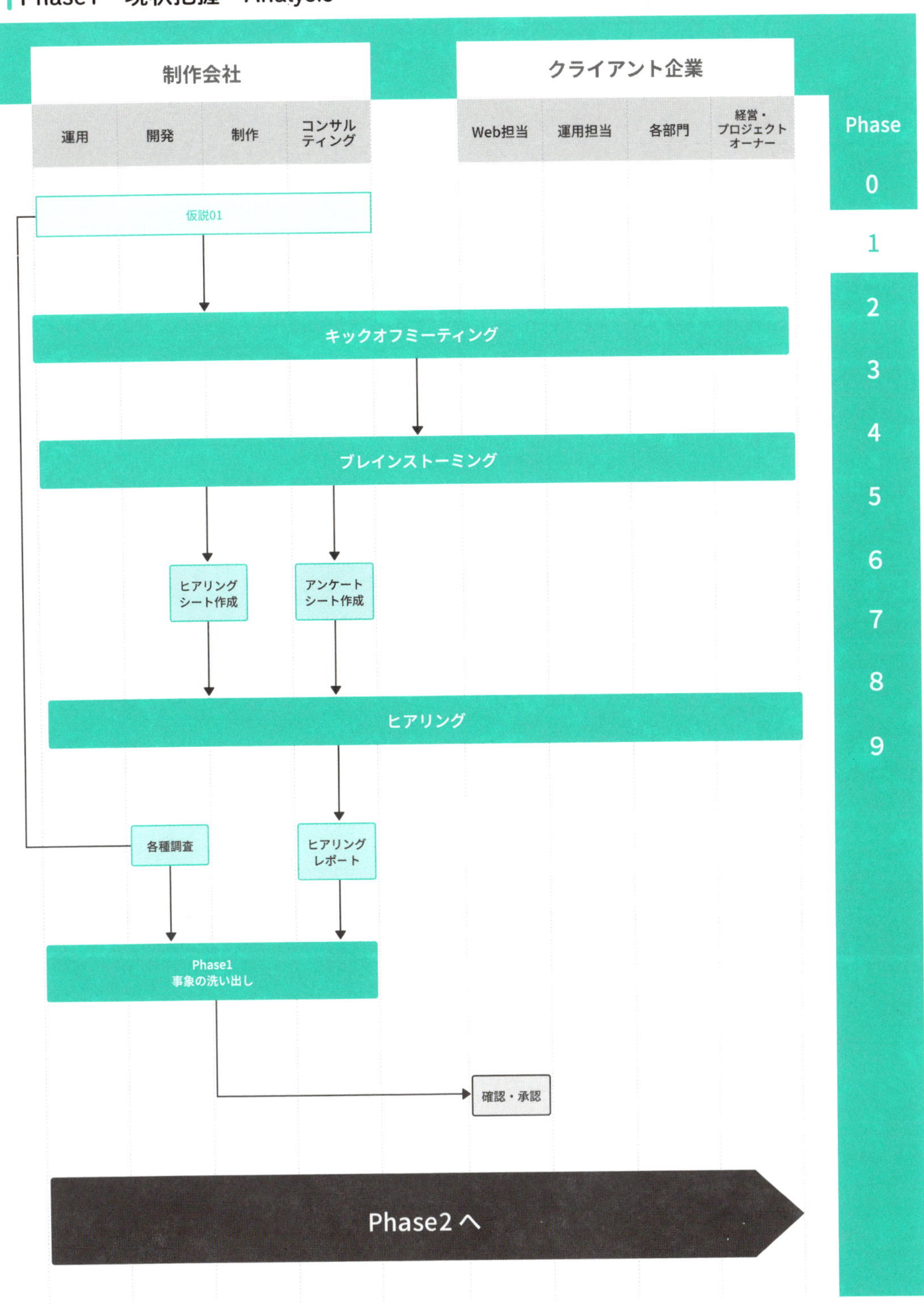

現状を、客観的に把握するための手法

キノトロープメソッド

具体的な施策

・アンケート調査
・現状構造調査
・システム調査
・アクセス解析調査
・集客、CV、SEO調査
　-流入経路分析
　-CV分析
　-内部SEO対策(特にスピード・モバイル対応・他metaなど)
・キーワード調査(キーワード選定、現状の検索表示調査)
<以下エクストラとして必要であれば>
・ヒューリステック調査
・競合調査
・ヒアリング
・ブレインストーミング

必要なアウトプット

・各種調査資料
・事象の洗い出し

社内アウトプット

あるべき仮説
可能であれば、基本チャートなど

このPhaseで肝心なのは、調査やヒアリングをやみくもにやらないこと。
自分なりの仮説を立てて、それが合っているかどうかを確認するために、調査とヒアリングがあると考えてほしい。
仮説検証のための調査やヒアリングであれば、最小限度の調査とヒアリングでこのPhaseを終えることができる。

現状構造調査　アウトプットイメージ

現状簡易サイト構造

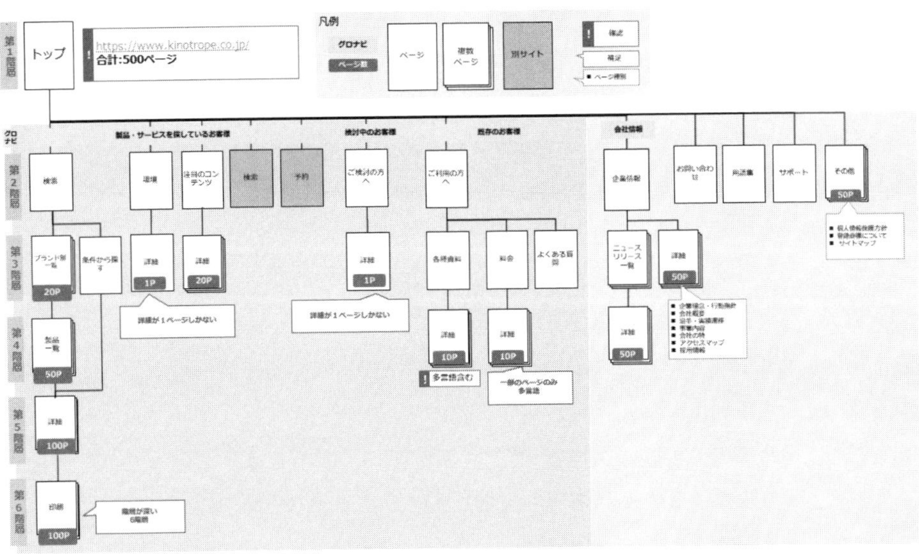

©KINOTROPE, INC KINOTROPE

ヒューリステック調査　アウトプットイメージ

会社の最新情報やニュースが知りたい

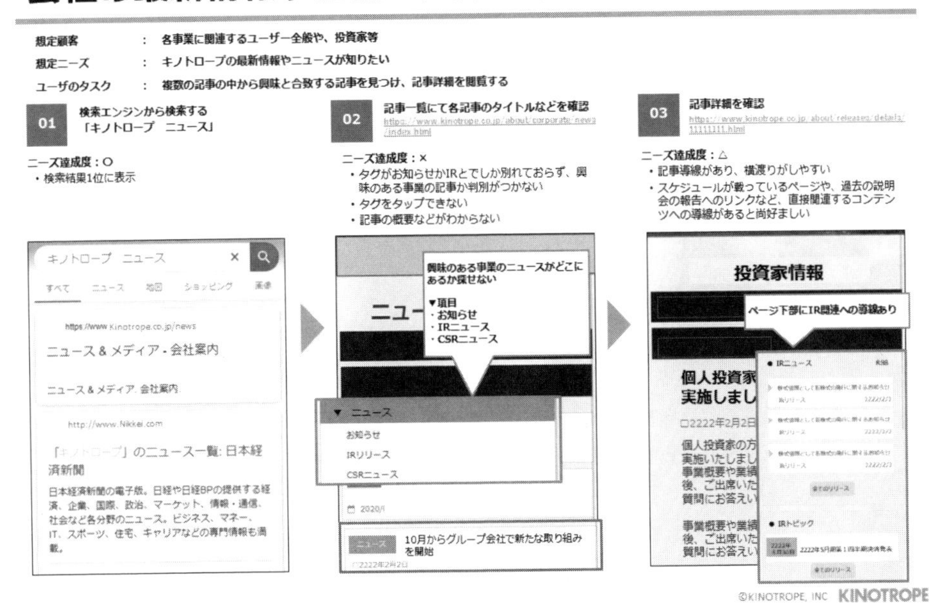

©KINOTROPE, INC KINOTROPE

スマートフォンファーストワークフロー詳細

chapter 4-4 Phase2　方向性策定 Target Setting

「あるべき姿」の共有なくして目的達成なし

Phase1で根本的な問題を明示することで、プロジェクトの方向性も明示する。
これにより、Webサイトリニューアルの方向性、「やるべき姿」が明確になる。
まず「やるべき姿」を共有しなければ、全員のコンセンサスを得ることはできない。

Phase1までの「仮説」は、言ってみれば事象の解決に過ぎないのかもしれないからだ。
Phase2では、Phase1の現状把握から事象の洗い出しを行い、それをカテゴライズしていく作業により、根本的な問題が導き出せる。
つまり、Phase2では、今ある「仮説」が必要な理由やエビデンスになるはずである。
そして見立てた「仮説」を解決するためにあるべき姿を描く、これがPhase2における目標となる。

ポイント

もちろん、すぐにゴールにたどり着くことはできないだろう。
そのためプロジェクトをStepに切り分ける。
そしてPhase2で定義した、あるべき姿までの途中過程を今回のプロジェクトのゴールと定める。
誰のために何を成果とし、何をするのか。その方向性を定め、メンバー誰もが合意できる方向性を定める。
このPhaseで絶対やっておくことは、「やらないことを決める」。つまり、方向性策定である。

Phase2　方向性策定　Target Setting

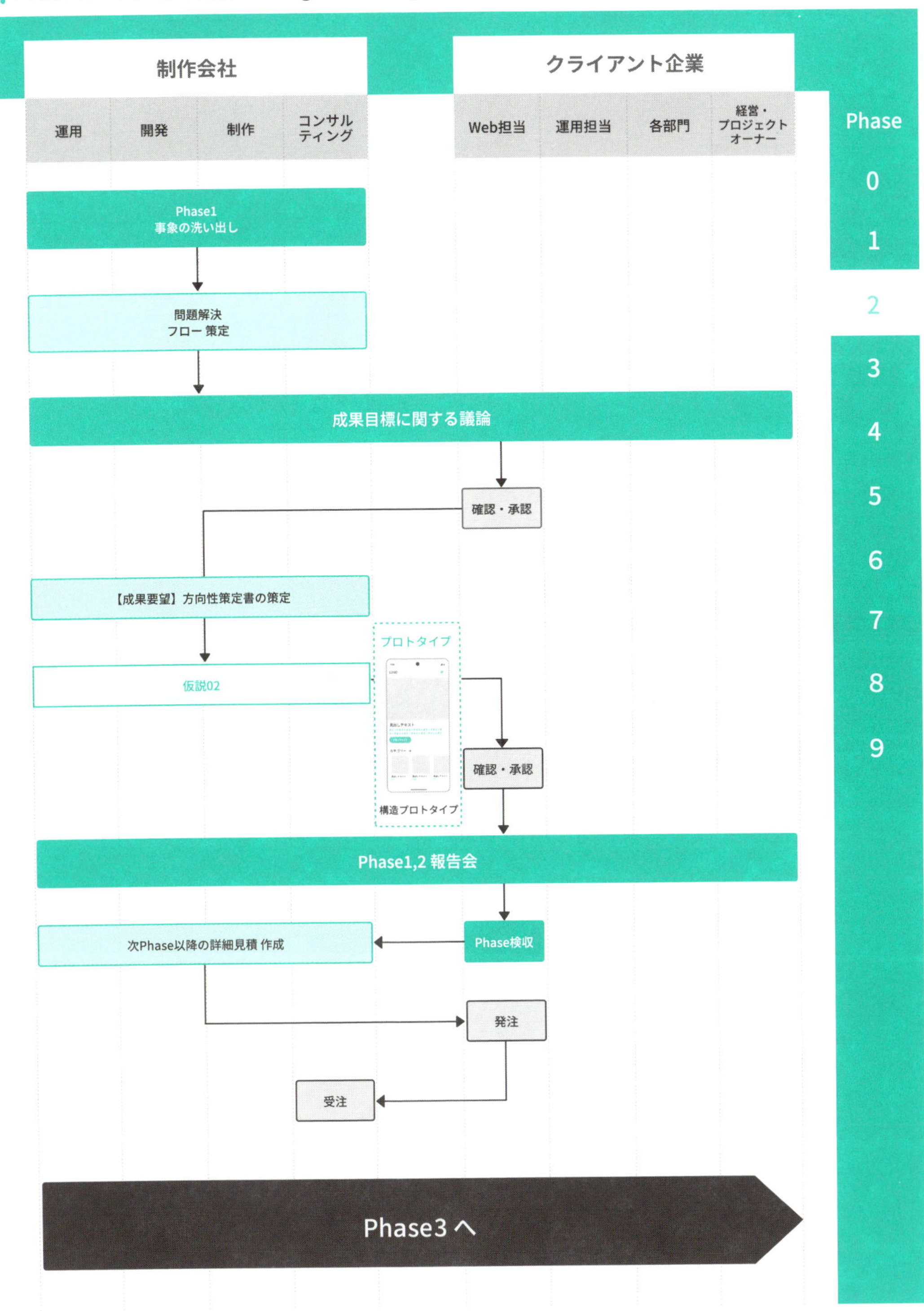

やらないことを決めるのが、このPhaseのポイント

キノトロープメソッド

具体的な施策

- 問題解決フロー策定
- 方向性の策定
- 成果要望書の策定
- 施策概要の決定
- ターゲティング
- スケジュール、予算策定

必要なアウトプット

- 問題解決フロー
- 方向性策定書
- 仮説02策定
- 次Phase以降の詳細見積もり
- 構造プロトタイプ

社内アウトプット

「やらないことを決める」

このPhaseで作るプロトタイプは、「あるべき」から「直近でやるべきこと」を明確にし、プロジェクトの方向性を示す構造プロトタイプを制作して、報告会などを通じて関係者全員に共有することだ。

プロトタイプによって共有のハードルが大幅に下がり、プロジェクトに参加していないメンバーへの共有が可能になる。

問題解決フロー　アウトプットイメージ

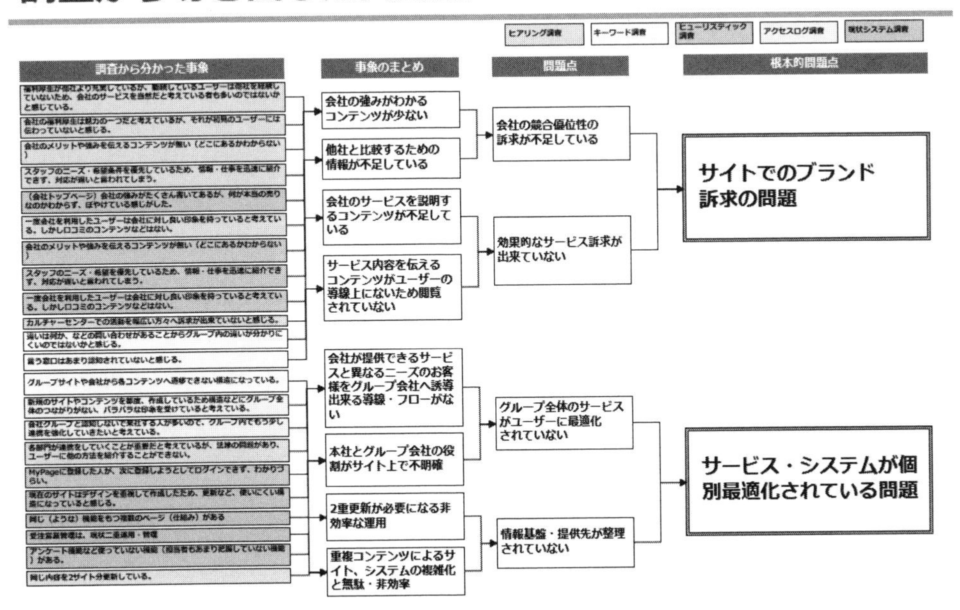

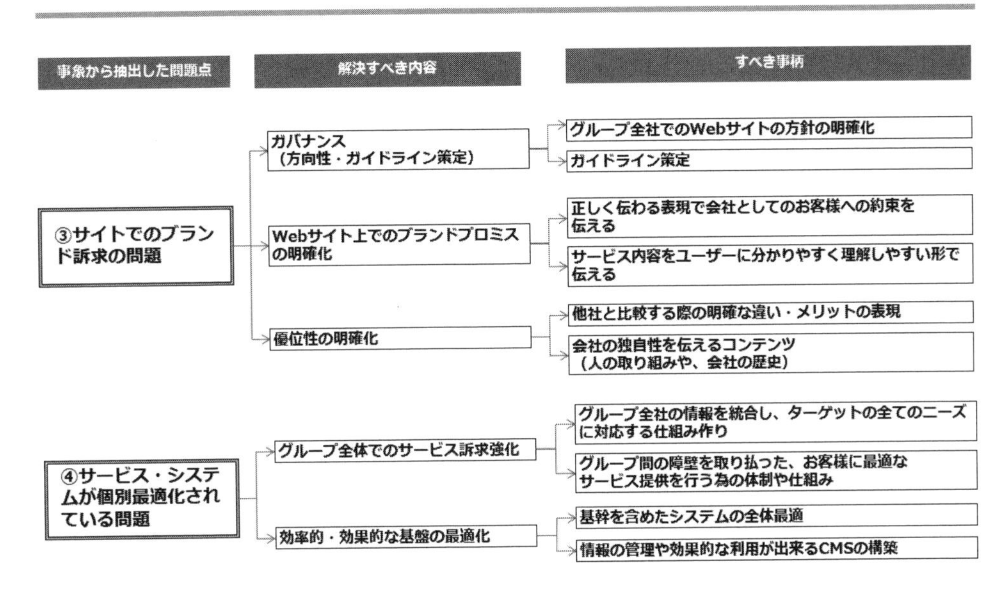

あるべき姿

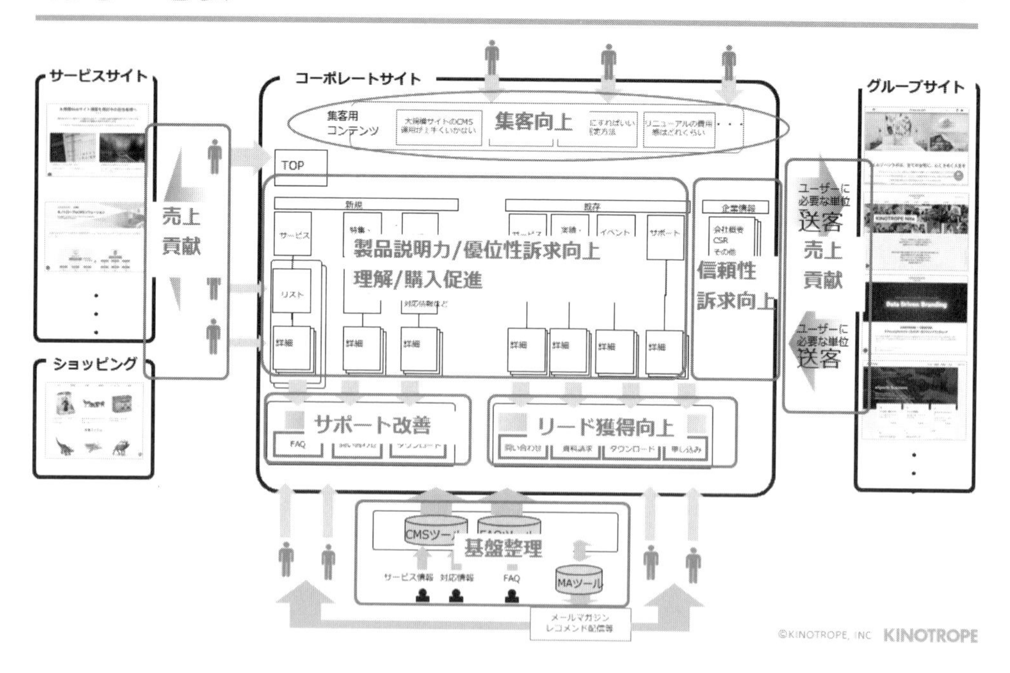
サービスサイト
ショッピング
コーポレートサイト
グループサイト
集客用
コンテンツ
大規模サイトのCMS
運用が上手くいかない
集客向上
リニューアルの費用
感はどれくらい
TOP
売上
貢献
新規
既存
サービス
リスト
詳細
製品説明力/優位性訴求向上
理解/購入促進
サポート
企業情報
会社概要
CSR
その他
信頼性
訴求向上
ユーザーに
必要な単位
送客
売上
貢献
ユーザーに
必要な単位
送客
サポート改善
FAQ
リード獲得向上
問い合わせ
資料請求
ダウンロード
申し込み
CMSツール
基盤整理
サービス情報
対応情報
FAQ
MAツール
メールマガジン
レコメンド配信等
©KINOTROPE, INC　KINOTROPE

今後の展開

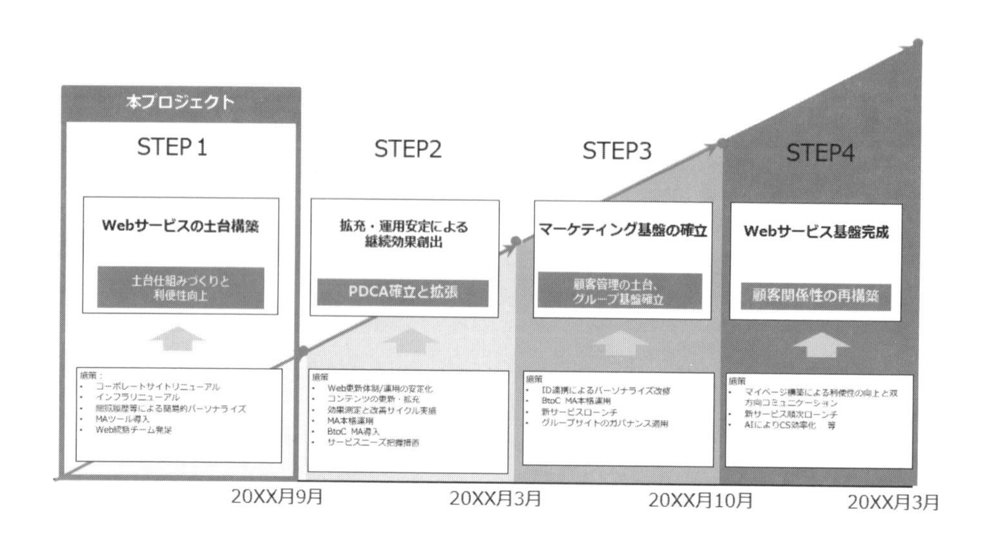
本プロジェクト
STEP 1
Webサービスの土台構築
土台仕組みづくりと
利便性向上
施策：
コーポレートサイトリニューアル
インフラリニューアル
MAツール導入
STEP2
拡充・運用安定による
継続効果創出
PDCA確立と拡張
施策
Web更新体制/運用の安定化
コンテンツの更新・拡充
効果測定と改善サイクル実施
MA本格運用
BtoC MA導入
STEP3
マーケティング基盤の確立
顧客管理の土台、
グループ基盤確立
施策
ID連携によるパーソナライズ改修
BtoC MA本格運用
新サービスローンチ
グループサイトのガバナンス適用
STEP4
Webサービス基盤完成
顧客関係性の再構築
施策
マイページ構築による利便性の向上と双
方向コミュニケーション
新サービス順次ローンチ
AIによりCS効率化　等
20XX月9月
20XX月3月
20XX月10月
20XX月3月
©KINOTROPE, INC　KINOTROPE

Webサイト再構築の方針、目的

モノ軸の再整理と、コト軸の設定

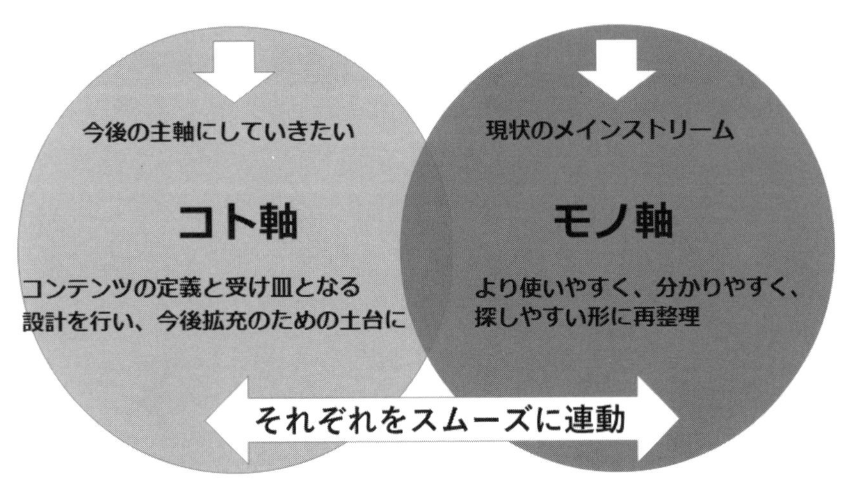

システム構成

今後のデータ連携拡張を踏まえたAPI基盤を備えた シンプルで効果的・効率的な構成へ

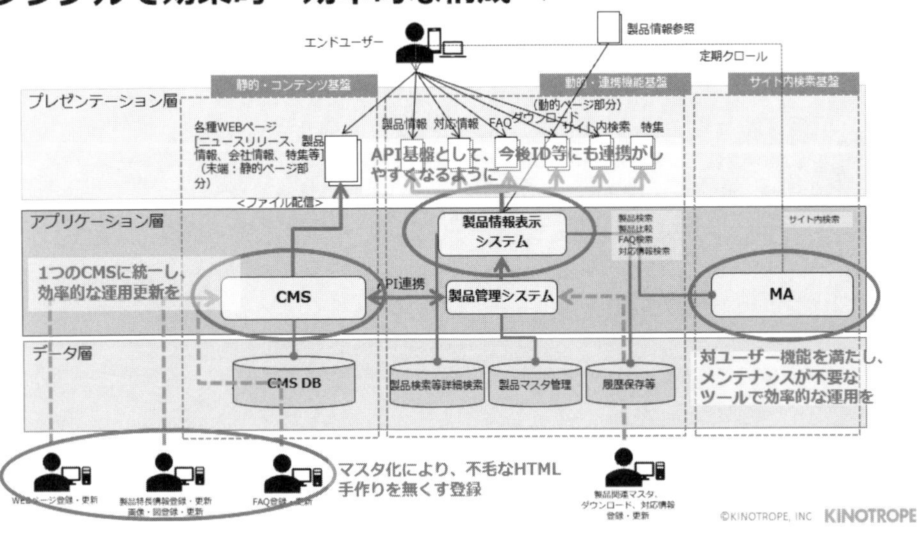

<column>問題解決フローとは

現状を把握し、「やるべき」を明確にするメソッド

どんなプロジェクトでも、現状の把握、そして根本的な問題の把握は、プロジェクトのスタートラインだ。
これをなくしてプロジェクトなしと言えるほど、問題解決フローはプロジェクト立ち上げの鍵を握る重要なメソッドである。
たとえば、商品ページにリンクが少ないという「事象」が見られるWebサイトがあった場合、リンクを設けるという改善案を提案したとする。
その提案は、確かに商品ページにたどり着けるようになるかもしれない。
しかし、「事象」の1つは補修されたかもしれないが、根本的な解決になったかどうかはわからない。
なぜなら、商品のページに遷移した人が、「購入」なり「問い合わせ」なりのアクションに遷移することが本来成しえなければならないことだからだ。

このように、往々にしてWebサイトの構築は、些末な手法論や補修に囚われがちである。
問題解決フローの考え方では、事象それ自体は問題ではないと考える。
もちろん、「雨漏りがするからそこを補修する」程度の効果はあるかもしれない。
しかし屋根のどこかに穴が空いているとすれば、今雨漏りを補修しても、結局別の場所から雨漏りが再発することは火を見るより明らかだ。
どこから水が入っているのか、根本的な改修が必要なのだ。
問題解決フローは、「事象」1つ1つに着目するのではなく、できるだけ多くの「事象」を洗い出して、それをグループ化することにより、根本的な問題を浮き彫りにしようという考え方だ。
このようにすれば、たとえ洗い出した1つの「事象」が事実と反していたとしても、結論として導き出された根本的な問題にはさほど影響を与えないで済む。
まず、各調査から抽出した「事象」を分類、グルーピングし、「根本的な問題」を洗い出す。
その根本的な問題に対して、「問題解決の方向性」を定めることで、「プロジェクトの進むべき方向性」を明確にすることができる。

問題解決フロー

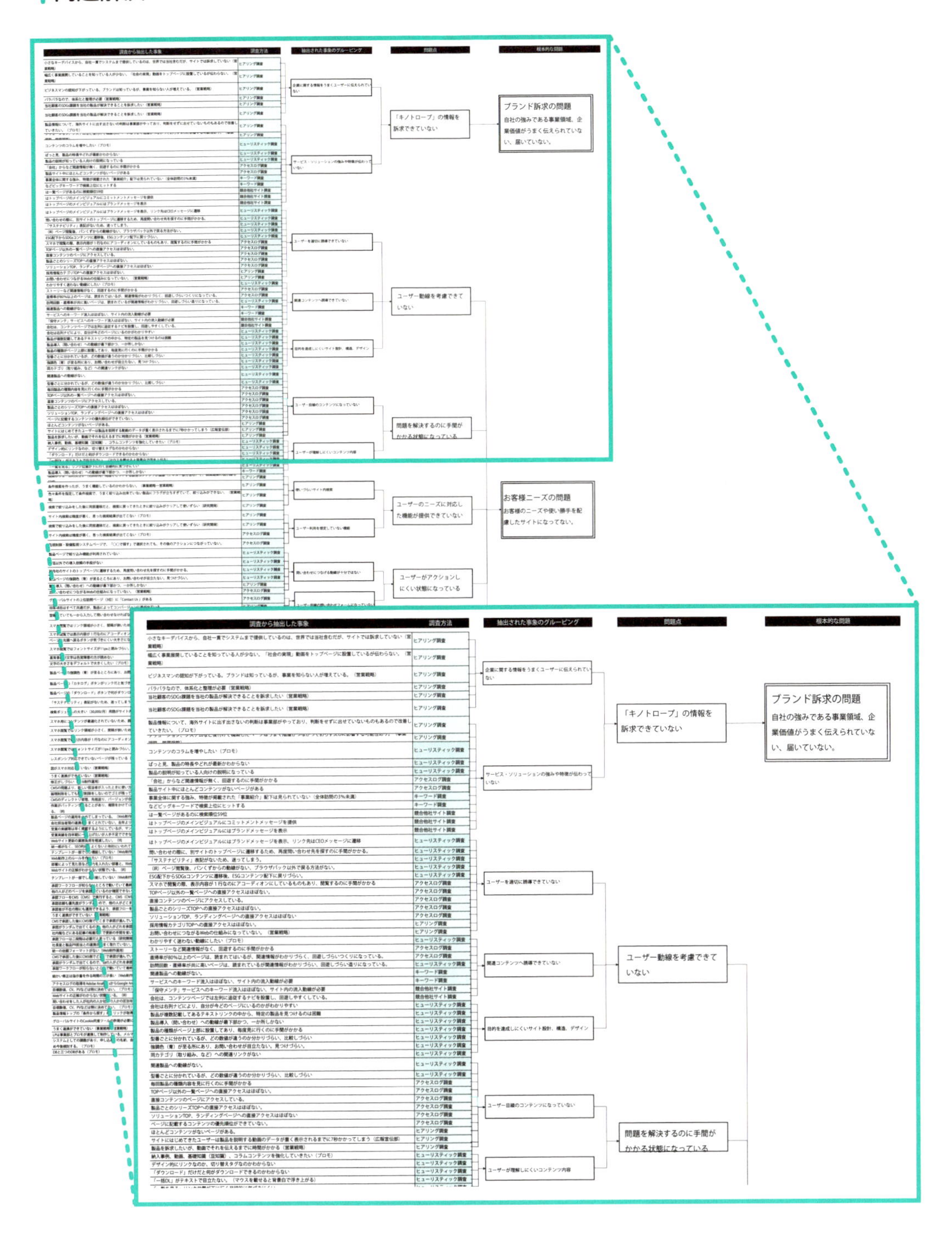

調査から抽出した事象	調査方法
小さなキーデバイスから、自社一貫でシステムまで提供しているのは、世界では当社含むだが、サイトでは訴求していない（営業戦略）	ヒアリング調査
幅広く事業展開していることを知っている人が少ない。「社会の実現」動画をトップページに設置しているが伝わらない。（営業戦略）	ヒアリング調査
ビジネスマンの認知が下がっている。ブランドは知っているが、事業を知らない人が増えている。（営業戦略）	ヒアリング調査
バラバラなので、体系化と整理が必要（営業戦略）	ヒアリング調査
当社顧客のSDGs課題を当社の製品が解決できることを訴求したい（営業戦略）	ヒアリング調査
当社顧客のSDGs課題を当社の製品が解決できることを訴求したい（営業戦略）	ヒアリング調査
製品情報について、海外サイトに出す出さないの判断は事業部がやっており、判断をせずに出せていないものもあるので改善していきたい。（プロモ）	ヒアリング調査
[illegible]	ヒアリング調査
コンテンツのコラムを増やしたい（プロモ）	ヒューリスティック調査
ぱっと見、製品の特長やどれが最新かわからない	ヒューリスティック調査
製品の説明が知っている人向けの説明になっている	ヒューリスティック調査
「会社」からなど関連情報が無く、回遊するのに手間がかかる	アクセスログ調査
製品サイト中にほとんどコンテンツがないページがある	アクセスログ調査
事業全体に関する強み、特徴が掲載された「事業紹介」配下は見られていない（全体訪問の3%未満）	キーワード調査
などビッグキーワードで検索上位にヒットする	キーワード調査
は一覧ページがあるのに検索順位59位	競合他社サイト調査
はトップページのメインビジュアルにコミットメントメッセージを提供	競合他社サイト調査
はトップページのメインビジュアルにはブランドメッセージを表示	競合他社サイト調査
はトップページのメインビジュアルにはブランドメッセージを表示、リンク先はCEOメッセージに遷移	ヒューリスティック調査
問い合わせの際に、別サイトのトップページに遷移するため、再度問い合わせ先を探すのに手間がかかる。	ヒューリスティック調査
「サステナビリティ」表記がないため、迷ってしまう。	ヒューリスティック調査
（IR）ページ閲覧後、パンくずからの動線がない、ブラウザバック以外で戻る方法がない。	ヒューリスティック調査
ESG配下からSDGsコンテンツに遷移後、ESGコンテンツ配下に戻りづらい。	ヒューリスティック調査
スマホで閲覧の際、表示内容が1行なのにアコーディオンにしているものもあり、閲覧するのに手間がかかる	アクセスログ調査
TOPページ以外の一覧ページへの直接アクセスはほぼない。	アクセスログ調査
直接コンテンツのページにアクセスしている。	アクセスログ調査
製品ごとのシリーズTOPへの直接アクセスはほぼない。	アクセスログ調査
ソリューションTOP、ランディングページへの直接アクセスはほぼない	アクセスログ調査
採用情報カテゴリTOPへの直接アクセスはほぼない。	ヒアリング調査
お問い合わせにつながるWebの仕組みになっていない。（営業戦略）	ヒアリング調査
わかりやすく迷わない動線にしたい（プロモ）	ヒューリスティック調査
ストーリーなど関連情報がなく、回遊するのに手間がかかる	アクセスログ調査
直帰率が80%以上のページは、読まれてはいるが、関連情報がわかりづらく、回遊しづらいつくりになっている。	アクセスログ調査
訪問回数・直帰率が共に高いページは、読まれているが関連情報がわかりづらい、回遊しづらい造りになっている。	ヒューリスティック調査
関連製品への動線がない。	キーワード調査
サービスへのキーワード流入はほぼない、サイト内の流入動線が必要	キーワード調査
「保守メンテ」サービスへのキーワード流入はほぼない、サイト内の流入動線が必要	競合他社サイト調査
会社は、コンテンツページでは左列に追従するナビを設置し、回遊しやすくしている。	競合他社サイト調査
会社は右列ナビにより、自分が今どのページにいるのかがわかりやすい	ヒューリスティック調査
製品が複数記載してあるテキストリンクの中から、特定の製品を見つけるのは困難	ヒューリスティック調査
製品導入（問い合わせ）への動線が最下部かつ、一か所しかない	ヒューリスティック調査
製品の種類がページ上部に設置してあり、毎度見に行くのに手間がかかる	ヒューリスティック調査
型番ごとに分かれているが、どの数値が違うのか分かりづらい、比較しづらい	ヒューリスティック調査
強調色（青）が至る所にあり、お問い合わせが目立たない。見つけづらい。	ヒューリスティック調査
同カテゴリ（取り組み、など）への関連リンクがない	ヒューリスティック調査
関連製品への動線がない。	ヒューリスティック調査
型番ごとに分かれているが、どの数値が違うのか分かりづらい、比較しづらい	ヒューリスティック調査
毎回製品の種類内容を見に行くのに手間がかかる	アクセスログ調査
TOPページ以外の一覧ページへの直接アクセスはほぼない。	アクセスログ調査
直接コンテンツのページにアクセスしている。	アクセスログ調査
製品ごとのシリーズTOPへの直接アクセスはほぼない。	アクセスログ調査
ソリューションTOP、ランディングページへの直接アクセスはほぼない	アクセスログ調査
ページに記載するコンテンツの優先順位ができていない。	アクセスログ調査
ほとんどコンテンツがないページがある。	ヒアリング調査
サイトにはじめてきたユーザーは製品を説明する動画のデータが重く表示されるまでに7秒かかってしまう（広報宣伝部）	ヒアリング調査
製品を訴求したいが、動画でそれを伝えるまでに時間がかかる（営業戦略）	ヒアリング調査
納入事例、動画、基礎知識（豆知識）、コラムコンテンツを強化していきたい（プロモ）	ヒューリスティック調査
デザイン的にリンクなのか、切り替えタグなのかわからない	ヒューリスティック調査
「ダウンロード」だけだと何がダウンロードできるのかわからない	ヒューリスティック調査
「一括DL」がテキストで目立たない。（マウスを載せると背景白で浮き上がる）	ヒューリスティック調査

chapter 4-5

スマートフォンファーストワークフロー詳細

Phase3　ユーザー体験シナリオ2.0 User Experience Scenario

≫ 顧客ニーズ最適化が、Webサイト構築のやるべき、Webサイト設計そのもの

顧客ニーズの最適化こそがWebサイト制作のキモ。
お客様のニーズを洗い出し、その検索インテント（意図）ごとに対応したページやコンテンツを提供できるWebサイト構造を導き出すのが、このPhaseの目的である。

≫ お客様の動線を明確にしてWebサイト設計を行うためのメソッド

このPhaseこそがWebサイト設計そのものだと言え、従来も重要だったが、今後もより重要性を増す。
なぜなら、テクノロジーの進化が、ますます情報設計手法の重要性を高めているからだ。

インターネットの通信速度向上、多様なデバイス・メディアからのとめどない流入、場所や時間を選ばない閲覧、One to Oneによる動的情報の提供など。様々な要因が影響して、Webサイトの姿はより流動的になっている。
決まりきった「サイト構造」がなくなりつつある中、ユーザビリティや導線設計は何を基に行うべきか？

その答えが、「ユーザー体験シナリオ」にある。
「ユーザー体験シナリオ」とは、ニーズを満たすまでのお客様の行動の流れを可視化したものだ。
入口であるお客様と企業の出会いから、出口であるゴールまでの最高の体験が、「ユーザー体験シナリオ」に定義されている。
販売など成果が上がるだけでなく、お客様を企業のファンに変える可能性もあり、企業のブランド価値向上の最初の一歩とも言える。

まさにユーザー体験シナリオは、企業と顧客の「関わり合いのスケッチ」であるとも言えるだろう。企業活動のすべてにおいて「お客様視点」を取り入れるならば、このスケッチはその原点になるはずだ。

Phase3　ユーザー体験シナリオ2.0　User Experience Scenario

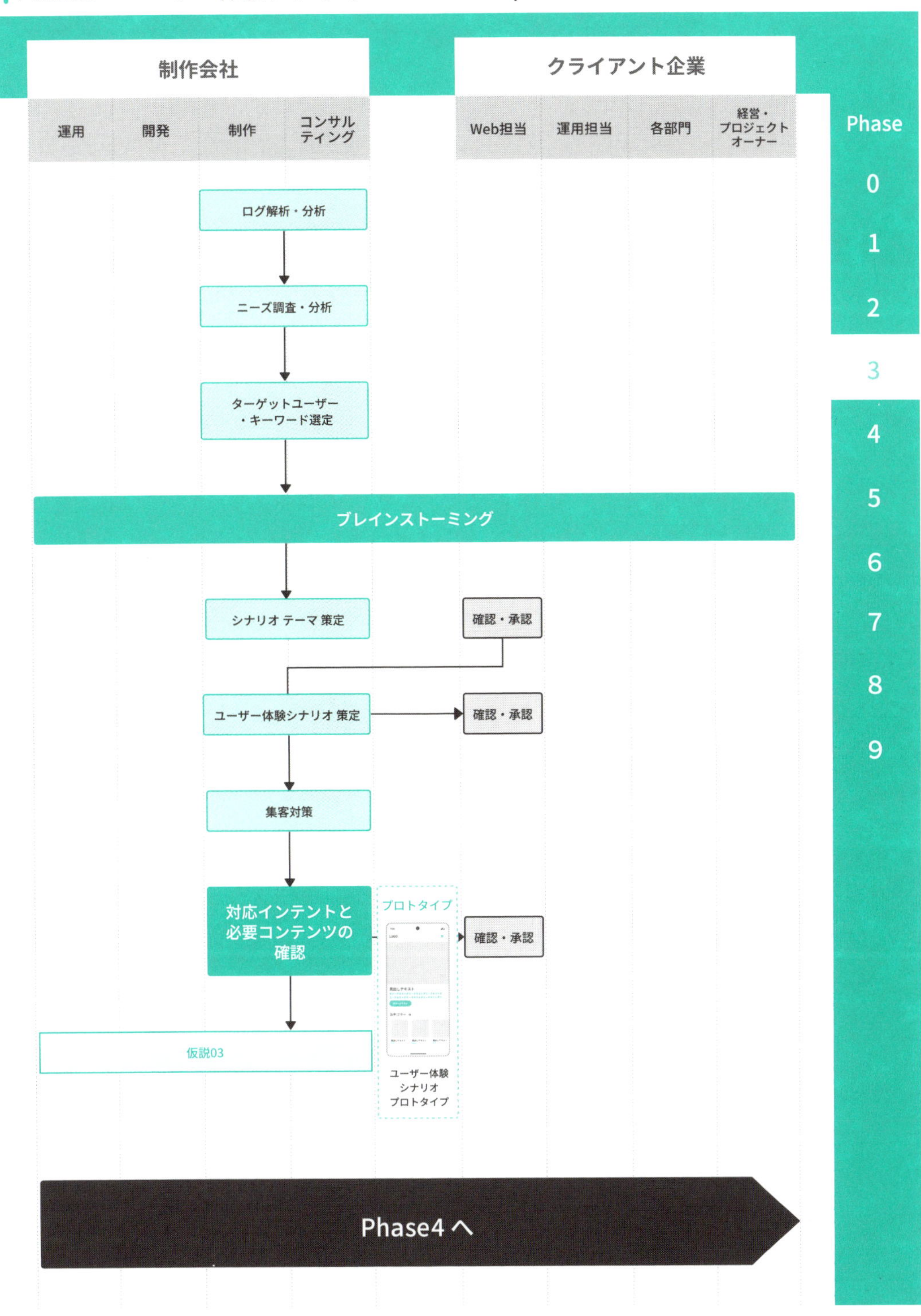

第4章

ユーザー体験シナリオとは、企業目線ならお客様と企業をつなぐ設計図と言える

キノトロープメソッド

具体的な施策

・ニーズ分析

-流入経路整理（広告、自然、SNS、メールなど）

会員・非会員、訪問回数、場所など→出し分けコンテンツ

・ユーザー体験シナリオ策定

Phase2で策定したターゲットを基に、

1.GOALを決める（KPIをベースに）

2.STARTを決める

3.流入経路整理（広告、自然、SNS、メールなど）

4.ターゲットキーワード選定

→クエリ分類→インテント化→インテントをカテゴライズ

このインテント単位でシナリオを作成（これが、主要な「検索インテント」導線）

ここに、ユーザー「属性」の仮設要素を付与していく。

・ユーザー体験シナリオプロトタイプ

ユーザー体験シナリオをプロトで可視化する。ここに、ユーザー「属性」の仮設要素を付与していく。

STARTとGOALをつなぐ導線やコンテンツ配置、導線上のユーザーニーズなど成果に結びつく。

ユーザー体験シナリオの中身を作成可視化、検証する。

※Phase1での現状把握がここで活かされる

・システム設計の準備

CMS内部構造の検討（主要タイプなど）

必要なアウトプット

・ユーザー体験シナリオ

GOAL整理資料（Phase2で策定したターゲットを基に、GOALを整理する→8割を明確に）

ターゲットキーワード選定

・仮説03策定

お客様の入口から出口までの導線と動線を示すCMSプロトタイプ

社内アウトプット

・「導線と動線」を明確化

最初のステップとして、ユーザー体験シナリオを作成することで、Webサイトの目的を明確にできる。お客様の満足度向上を図るには、入口から出口までの導線と動線を明確に示すことが重要である。ユーザー体験シナリオはWebサイトの設計手法であり、新しい情報デザインの手法なのだ。

ユーザー体験シナリオ　アウトプットイメージ

ターゲットとタスクフロー

Webサイトのステークホルダとそれぞれのタスクフロー

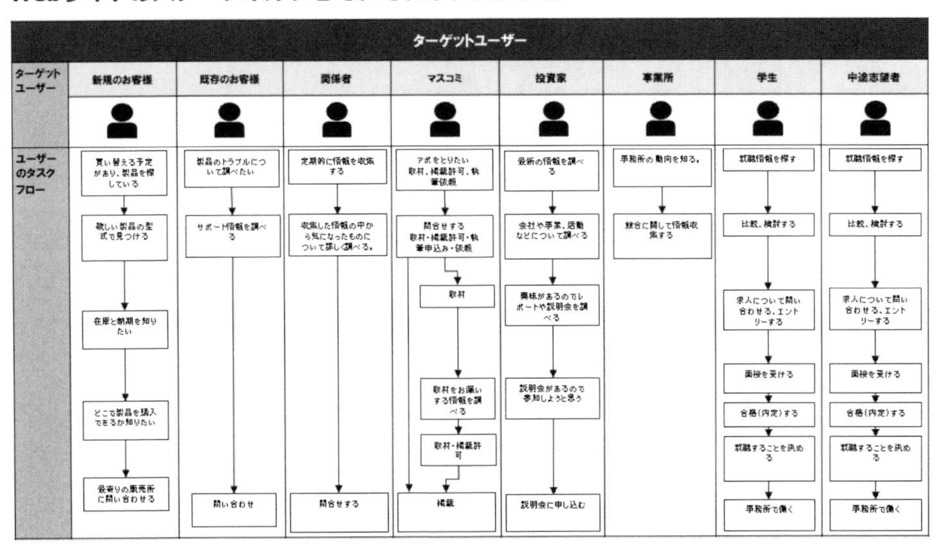

Webでターゲットとすべきユーザー

最注力・注力の掘り下げ

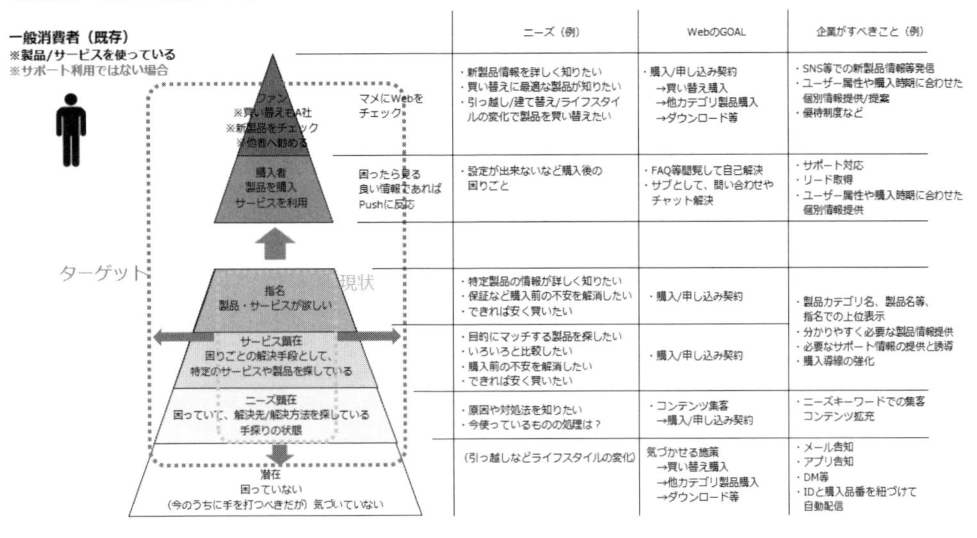

ユーザー体験シナリオ

お客様がニーズを満たすまでの行動の流れを可視化した設計図

ユーザーが目的の情報へ速やかに到達できる
情報設計「ユーザー体験シナリオ」を
活用することによって、
ユーザーの「入口」と「出口」を
結びつける「体験」を導くことができる。

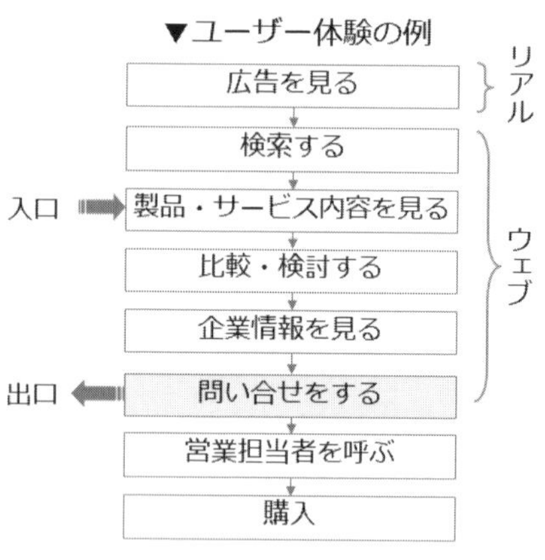

ユーザー体験シナリオ

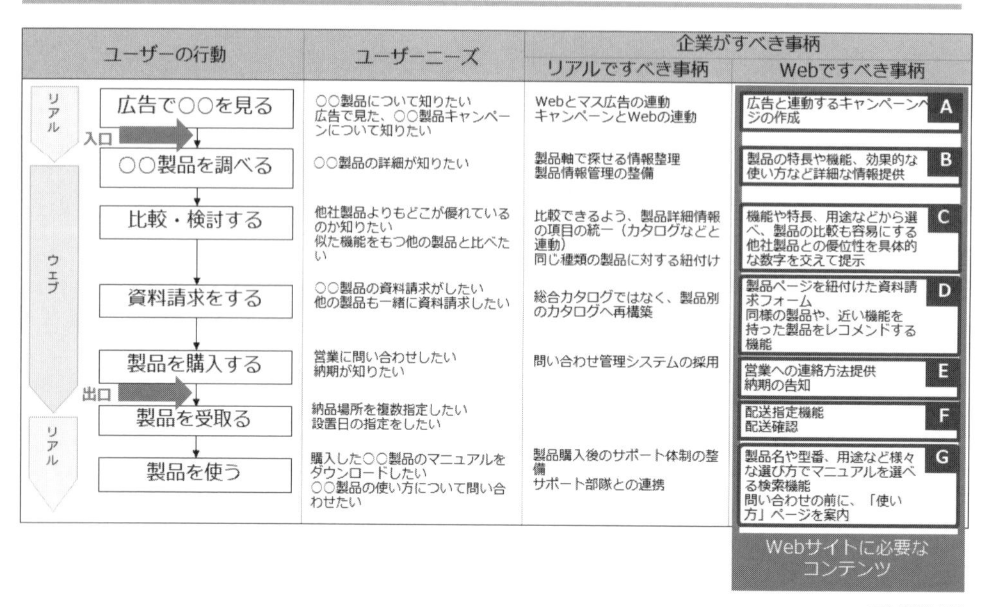

	ユーザーの行動	ユーザーニーズ	企業がすべき事柄 リアルですべき事柄	企業がすべき事柄 Webですべき事柄	
リアル	広告で○○を見る	○○製品について知りたい 広告で見た、○○製品キャンペーンについて知りたい	Webとマス広告の連動 キャンペーンとWebの連動	広告と連動するキャンペーンページの作成	A
入口 → ウェブ	○○製品を調べる	○○製品の詳細が知りたい	製品軸で探せる情報整理 製品情報管理の整備	製品の特長や機能、効果的な使い方など詳細な情報提供	B
ウェブ	比較・検討する	他社製品よりもどこが優れているのか知りたい 似た機能をもつ他の製品と比べたい	比較できるよう、製品詳細情報の項目の統一（カタログなどと連動） 同じ種類の製品に対する紐付け	機能や特長、用途などから選べ、製品の比較も容易にする 他社製品との優位性を具体的な数字を交えて提示	C
ウェブ	資料請求をする	○○製品の資料請求がしたい 他の製品も一緒に資料請求したい	総合カタログではなく、製品別のカタログへ再構築	製品ページを紐付けた資料請求フォーム 同様の製品や、近い機能を持った製品をレコメンドする機能	D
ウェブ	製品を購入する	営業に問い合わせしたい 納期が知りたい	問い合わせ管理システムの採用	営業への連絡方法提供 納期の告知	E
出口 → リアル	製品を受取る	納品場所を複数指定したい 設置日の指定をしたい		配送指定機能 配送確認	F
リアル	製品を使う	購入した○○製品のマニュアルをダウンロードしたい ○○製品の使い方について問い合わせたい	製品購入後のサポート体制の整備 サポート部隊との連携	製品名や型番、用途など様々な選び方でマニュアルを選べる検索機能 問い合わせの前に、「使い方」ページを案内	G
				Webサイトに必要なコンテンツ	

<column>ユーザー体験シナリオ策定の流れを深掘り

1:お客様ニーズの洗い出しと整理

お客様のニーズを示す検索キーワードを洗い出す。
ヒアリングから(クライアントから直接収集)
ログ解析から(流入キーワードなどから想定)
インターネット上のニーズ(各種キーワード取得ツールなどから推測)

2:お客様の検索インテント(意図)の整理

洗い出されたキーワード単位に検索インテント(意図)を想定し、4つに分解してGoogleで検索してみる。
1. 知りたい(Knowクエリ)=広告が出ない
2. 行きたい(Goクエリ)=地図が表示される
3. やってみたい(Doクエリ)=「手軽」「簡単」「方法」「やり方」「セルフ○○」「○○したい」「自分で」「してみましょう」といったワードが入る
4. 買いたい(Buyクエリ)=広告がいっぱい

1〜3のキーワードは、自然検索(オーガニック)流入を目指す。
4は、リスティング広告を中心に考える。
ただし、流入するページはどちらも品質の良いページにする必要がある。
ここで言う品質の良いページとは、お客様の検索意図にマッチしているということだ。

3:お客様のゴールを決める

検索インテントをカテゴライズし、ゴールを設定する。
検索インテント単位で集約されたキーワードを、さらにセグメントし、それごとにゴールを想定する。
ゴールは効果測定のキーにもなるため、それ自体が効果測定できるかどうかも視野に入れておこう。
【ゴール例】
購入、お問い合わせ、資料のダウンロード、地図の閲覧、コンテンツの閲覧
詳細ページの閲覧、販売店の住所閲覧など

4:お客様に最高の体験を提供するために、何ができるか?

キーワード、もしくはゴール単位で、お客様の動線を想定する。
動線のステップ単位で必要なコンテンツを洗い出す。
さらにその中から、Webサイトに必要なコンテンツを選択する。

導線(検索エンジンからサイトまでのお客様の動き)
動線(サイト内でのお客様の動き)

chapter 4-6

スマートフォンファーストワークフロー詳細

Phase4　成果の設定 Profit Setting

仮説があるから、現状把握がある そこから成果を設定せよ

定量的な成果の設定なくして、Webサイトのアップデートなし。
ECだけでなく、すべてのWebサイトに必須である。
さらにアクセスではなく、直帰とコンバージョンこそがWebサイトの成果ポイントになるべきだ。

ポイント

成果の共有こそが、プロジェクトにおいて、最大のポイントと言える。
成果の検証のために、仮説02 (Phase2)、仮説03 (Phase3) で得られる成果を定量的に試算する。
また、成果ポイントを決めることも今後の制作に大きな影響を与えるため、可能な限り具体的なポイントの指定が必須となる。

成果に直結するポイントに注力した現状把握をスピーディーに実施することで、費用対効果の高いリニューアルを早く実現することが可能になる。
現状把握をするために現状把握を行うのではなく、仮説·検証の中で必要な項目について現状把握を行う。
これが、このPhaseと現状把握をスピーディーに終える一番大切なポイントである。
Phase1とPhase3で制作したプロトタイプが、ここで有効に機能してくれるはずだ。
このプロトタイプが、「仮説」なのだからこれが良いのだ、という実証をするために現状把握を行うということになる。
これにより、現状把握の内容を極限まで絞り込むことができるはずだ。

Phase4　成果の設定　Profit Setting

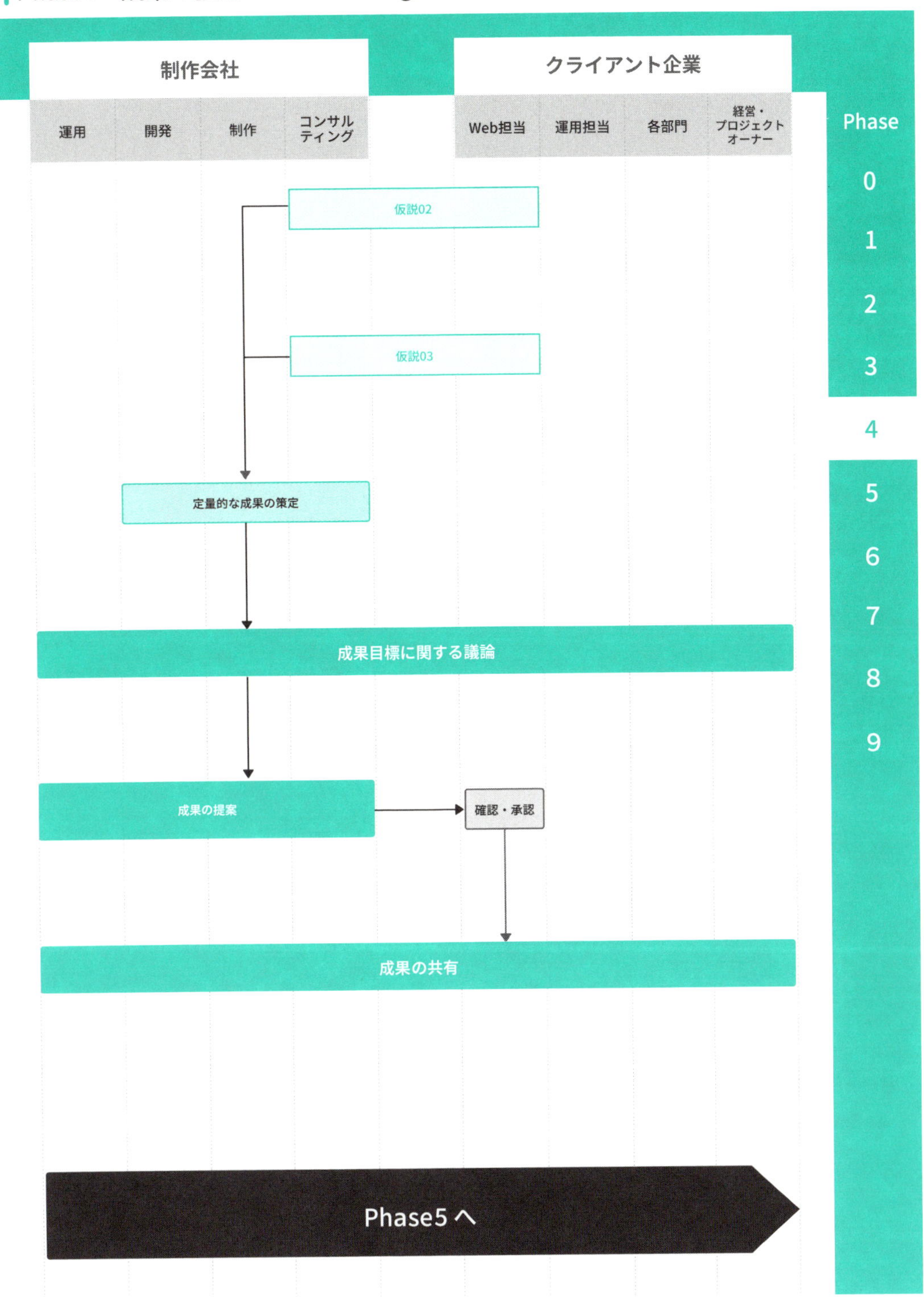

成果に関連するための集客やコンバージョンの現状を把握していく キノトロープメソッド

具体的な施策

- 仮説02と03の分析
- ヒアリング
- ブレインストーミング

必要なアウトプット

- 定量的な成果の策定
- プロジェクトのゴール（仮説）
- 仮説に基づいたログ解析フォーマット

キックオフ資料

明確な「仮説」をこのタイミングでテーブルにあげることが必須。

- 目的目標
- プロジェクトのゴール（仮説）
- 実施内容、役割分担
- スケジュール
- 納品物
- ミーティングスケジュール
  （最低2カ月分のミーティングの日時と内容、アウトプットも定義）

各種調査の実施

仮説の検証に必要な調査に絞ることがプロジェクトのスピードを加速させる。

- アクセス解析調査
- 集客、CV、SEO調査
- 流入経路分析
- CV分析
- 内部SEO対策
- キーワード調査（キーワード選定、現状の検索表示調査）
- ヒューリステック調査
- 競合調査
- システム調査
- 表示スピードの検証

Phase1の現状把握で実施した資料を基に、成果に関連する部分を深掘りして調査する。

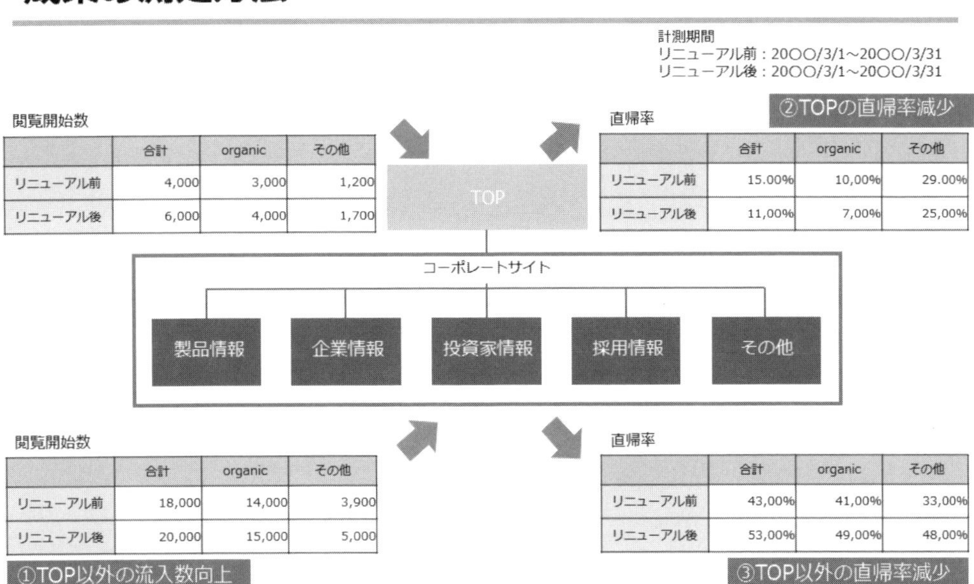

閲覧開始数（TOP）

	合計	organic	その他
リニューアル前	4,000	3,000	1,200
リニューアル後	6,000	4,000	1,700

直帰率（TOP）

	合計	organic	その他
リニューアル前	15.00%	10,00%	29.00%
リニューアル後	11,00%	7,00%	25,00%

閲覧開始数（TOP以外）

	合計	organic	その他
リニューアル前	18,000	14,000	3,900
リニューアル後	20,000	15,000	5,000

直帰率（TOP以外）

	合計	organic	その他
リニューアル前	43,00%	41,00%	33,00%
リニューアル後	53,00%	49,00%	48,00%

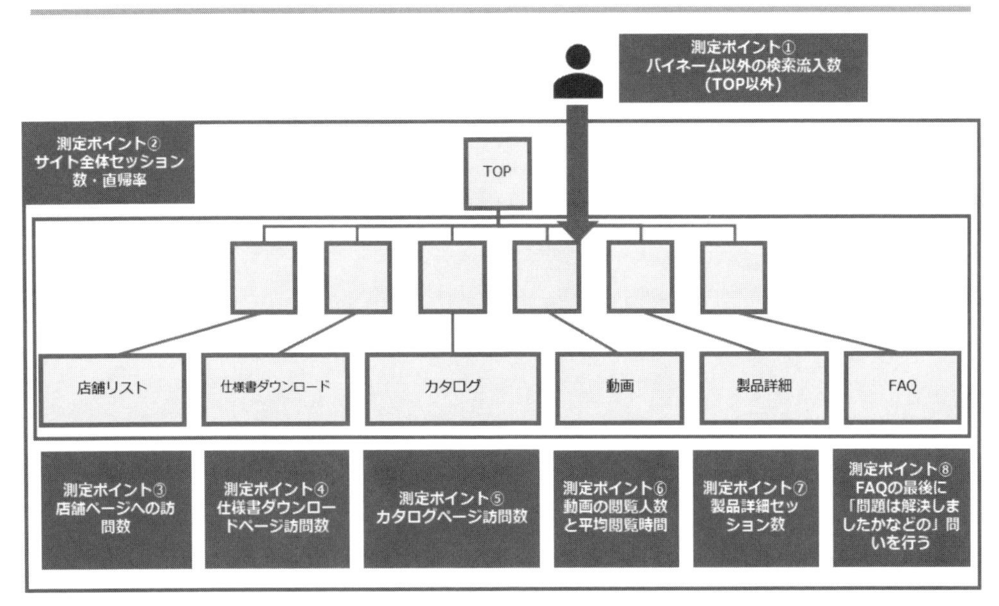

<column>ヒアリングとファシリテーションのメソッド

ヒアリングのメソッド

ただ聞くではなく、問いかけて、クライアントの中にある本音を引き出す。
ヒアリングは、単に相手の発する言葉を「聞く」のではなく、自分があらかじめ立てた仮説に対する検証を「問いかける」ことになる。
プロジェクトの成果設定の時点でお客様と成果が「共有」できていないと、プロジェクトが進むにつれて、具体的な施策に食い違いが生じることになる。
そうならないために、ヒアリングに入る前にやっておかなければならないのは、自分自身が、成果の仮説（ゴール）を持っておくこと。
そうして、ヒアリング時にクライアントの成果の仮説（ゴール）との差分を明確にする。
クライアントを、定量化された一定のゴールに導くことが、ここでのヒアリングの目的となる。

そのために必要なのは、5つの「なぜ」。
仮説に対する問いかけに、クライアントの本心を引き出すテクニックである。

【例】
1.「あなたの日常業務は何ですか？」
誰がお客様で、どんな業務を行っていますか？（事象の洗い出し）
2.「その中で何に困っていますか？」（または、お客様からどのようなクレームを受けるか）どんな問題があるか。（ポイントとなる事象のフォーカス）
3.「それは、なぜ起きていますか？」（ここからなぜのスタート。なぜ01）
何が原因か深掘る。
4.「どうすればその原因は取り除くことができますか？」（なぜ02）
原因を取り除く、もしくは本当の原因の究明
5.「どうすれば、それは実践できますか？」（なぜ03）
できていないのはなぜか。（根本的な原因への到達）
6.方法がわかるのにできないのは？（なぜ04）
根本的な問題の解決方法の検討（根本的な原因への到達）
7.こうすれば、改善できますね？　なぜしてないか？（なぜ05）
仮説の提案（仮説が問題解決に役に立つかどうかの確認と共有）

調査のための調査では意味がない
「調査をすれば何かが見えてくるだろう」は、調査に対する正しい姿勢とは言えない。
Webサイトを作ることが目標ではなく、企業としてビジネスの成功を目標に掲げるからには、多種多様な調査が必要になる。やみくもに調査をするのではなく、「明らかにしなければならないことは何か」「そのために何の調査をするのか」をあらかじめ決めておき、必要な調査をもれなく実施することが重要である。

青写真なくして「成功」はない
調査を通して最終的に明らかにしたい事柄は、「どうすれば成果が出るのかの予測」。
プロジェクトを成功させるにはこの青写真、つまり「仮説」を明確に打ち立てることが重要である。
仮説を構成する要素「ユーザー」「ニーズ」「ニーズを満たすためにすべき事柄」を追求することが調査の目的なのだ。

求められるスピード感と、成果に直結する具体的数値の検証。
アクセス数やコンバージョン数だけでなく、他メディアからの流入やサイト内遷移の数値など、多くのデータをリアルタイムに、デジタルで取得できる昨今。サイトの使い勝手という定性的かつ主観的な調査よりも、定量的かつ客観的な数値での調査を深く早く行うことが重要だ。

ファシリテーションのメソッド

シミュレーションなくして、ファシリテーションは存在しえない
ファシリテーションというと「その場で臨機応変に対応する能力」というイメージが強いが、ミーティングをはじめとする会議体でのファシリテーションを有効に進めるためには、「事前のシミュレーション」こそが重要である。
ミーティングのアジェンダベースで、どのように議事を進めるかをシミュレーションする。相手の反応を予測し、それを説得するための資料も用意する。

ファシリテーションのキモは、会議に参加した人全員が、何らかの「発信」を行うこと。
事前に、全員に何を聞くか、そして、その返答を想定しておく。議論が膠着した際は、どのようにそこから脱するかまで考えておく。

ミーティングは、エンターテインメントである。
ファシリテーションの力が、プロジェクトの議論を、素早く有効に進捗させる。

ミーティングでファシリテーターが絶対にやるべきことは「時間厳守」。
スタートの時間も終了の時間も厳守する。これを繰り返すことで、「最初の信頼関係」が生まれる。
クライアントが遅れてきても、終了時間は変えない。これを徹底すると、相手は遅れなくなる。
また、常にゴールを決めたミーティングを行うこと。
冒頭で「今日は◎◎を決定するミーティングです」「◎◎ブレストするミーティングです」とゴールを決める。逆に言えば、ゴールのないミーティングは行わない。
基本的にミーティングは「決定するための場」とする。ブレインストーミングはあってもいいが、少ないほうが建設的。当然、ミーティングで何かを決定するには、事前に会議で使用する資料を送付し、確認しておいてもらう必要がある。

chapter 4-7

スマートフォンファーストワークフロー詳細

Phase5　プロトタイピングサイト設計 Prototyping Website Design

設計を可視化するプロトタイプが設計そのものを変える

当社では、Webサイト設計をユーザー体験シナリオで行ってきたのは前述した通りだ。
ユーザー体験シナリオで動線を実際のWebサイトに落とし込み、検証して再設計するのがこのPhaseである。

ポイント

ローコストですばやいスクラップアンドビルドと、プロジェクトメンバー全員が理解できる「見える化」の実現がポイント。
Webサイトに関わる人員が増えるにつれて、Webサイト構築途中の確認が非常に重要となってきたため、リテラシーに依存しない確認手法が求められる。それがこれからのWebサイト設計術と言える。

CMSプロトタイプ

これまで作ったプロトタイプを基にサイト設計を行うのがこのPhaseだ。
CMSプロトタイプなら、ポイントとして前述した、リテラシーに依存しないプロジェクトメンバー全員との共通認識の担保が可能になる。

最終的にCMS設計もこのプロトタイプをCMS化して実現する。これにより、設計と実装が同時に行われることになり、手戻りが最低限になる。
もちろんこれには、実際に利用されたことのあるコンポーネントを保有していることが必須条件になる。

Phase5　プロトタイピングサイト設計　Prototyping Website Design

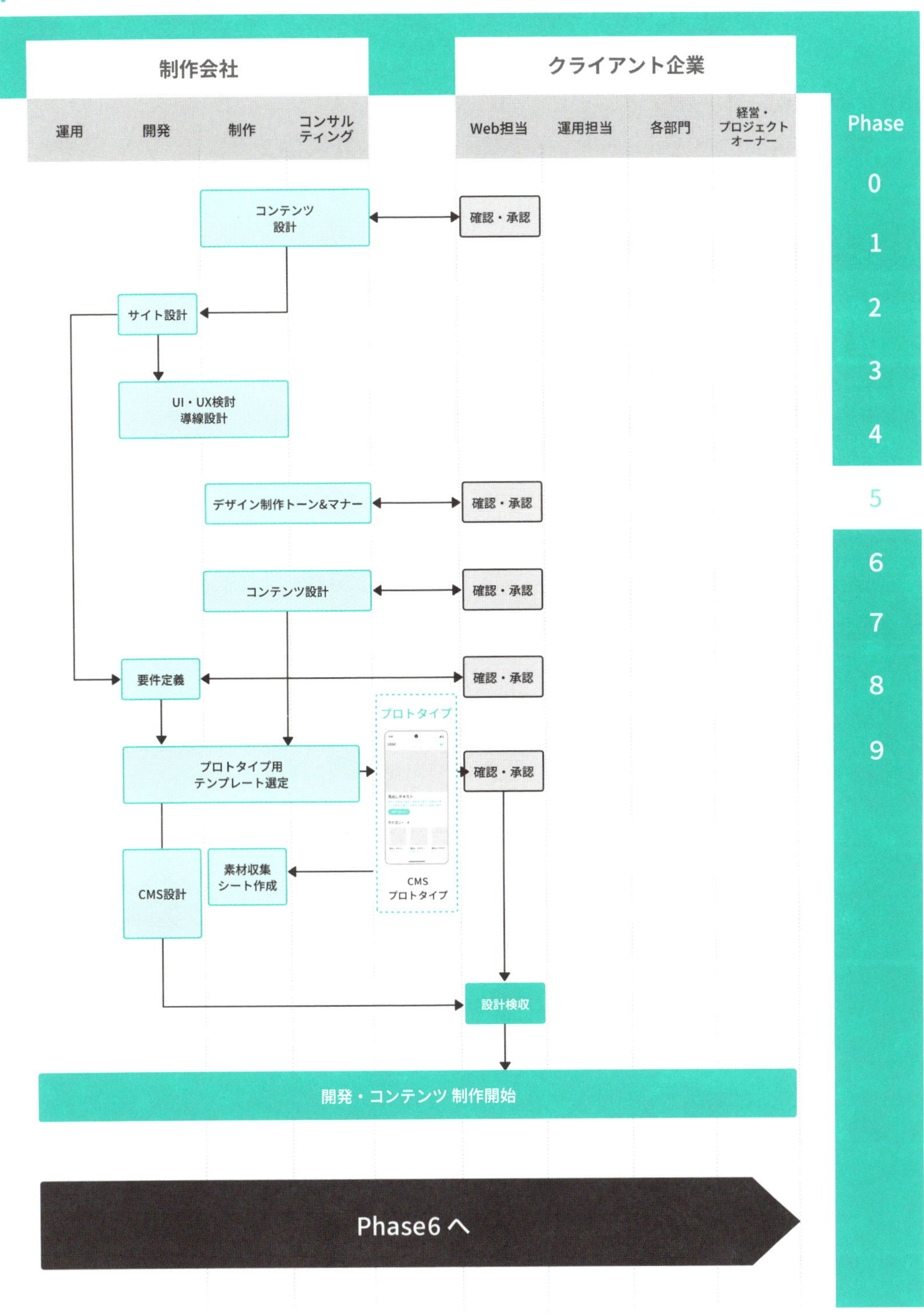

第4章

プロトタイプが、アウトプット理解を劇的に変える

キノトロープメソッド

具体的な施策

要件定義書

標準機能で対応可能なもの、追加開発が必要なものを定義する。その際、機能レベルの要件以外にも、ワークフローなどの運用要件も定める必要がある。

必要なアウトプット

基本チャート

コンテンツの所在地とコンテンツ間の導線を定義し、サイト全体のお客様行動を俯瞰的に見られるチャートを作成。これがサイト全体の設計図となる。

ユーザー導線設計

Phase3ユーザー体験シナリオを基に、入口から出口までの導線をサイト構造に当てはめ、どのように成しえるかを可視化する。基本チャートに対する、優先すべき基本動線の定義となる。

- ターゲットユーザー
- 入口出口
- 具体的なコンテンツ行動導線

コンテンツ設計書

必要なコンテンツを定義し、基本チャート上のどこに配置すべきかを定義する。
そのコンテンツがどうあるべきか、コンテンツ自体の構成も設計する。

ディレクトリ設計

基本チャートを基に、実際のコンテンツごとのURLを定義する。

成果測定設計書

仮説に対して、どのように成果につながるか測定方法を定義する。

- 成果目標
- 成果指標
- 計測方法
- 計測タイミング

UI設計書

ナビゲーションなどの設計に加え、スムーズな導線を成しえるための設計を行う。
お客様とWebサイトが直接触れる接点に対してどうあるべきか、詳細な設計を行う。

- ナビゲーション設計
- レイアウト設計

表記ガイドライン

ブランディングには一貫した品質が必要。
サイト全体での表記揺れや表現の違いがないよう、Webサイト上での表記ルールを定義する。

- 文言定義
- レイアウト定義
- デザイン定義

CMSプロトタイプ
主要なページが既に確認でき、管理画面上から素材を投入することができる。

グラフィックデザイン
CMSに最適化されたコンテンツ一元管理をベースに、最適なグラフィックを定義する。

ディレクトリリスト　アウトプットイメージ

directorylist

＊＊＊＊　Webサイトリニューアルプロジェクト
ディレクトリリスト
作成日：20＊＊/＊＊/＊
KINOTROPE ,INC.

通し番号	新サイトページタイトル	CMS内・外	テンプレート グループ	タイプ	ディレクトリ構造 第1階層	第1階層	第2階層	第3階層	第4階層	第5階層	第6階層	ファイル名	新サイトURL hyperlink関数
1	TOP	CMS	プロモ	tp-B-1 ＊＊＊＊＊トップ	http://ww	http://heartcore-test-004.azurewebsites.net/						index.html	http://www.＊＊＊＊＊.jp/index.html
2	派遣のお仕事をお探しの方	CMS	プロモ	tp-C-1 派遣トップ	http://ww	http://hea	haken/					index.html	http://www.＊＊＊＊＊.jp/haken/index.html
3	詳細検索	独自開発	―	―	http://ww	http://hea	haken/	search/				index.html	http://www.＊＊＊＊＊.jp/haken/search/index.html
4	検索結果	独自開発	―	―	http://ww	http://hea	haken/	search/				index.html	http://www.＊＊＊＊＊.jp/haken/search/index.html
5	仕事詳細	独自開発	―	―	http://ww	http://hea	haken/	search/				index.html	http://www.＊＊＊＊＊.jp/haken/search/index.html
6	派遣ウェブ登録フォーム_入力	独自開発	―	―	http://ww	http://hea	haken/	search/				index.html	http://www.＊＊＊＊＊.jp/haken/search/index.html
7	派遣ウェブ登録フォーム_完了	独自開発	―	―	http://ww	http://hea	haken/	search/				index.html	http://www.＊＊＊＊＊.jp/haken/search/index.html
8	派遣ウェブ登録フォーム（本登録済み）_	独自開発	―	―	http://ww	http://hea	haken/	search/				index.html	http://www.＊＊＊＊＊.jp/haken/search/index.html
9	派遣ウェブ登録フォーム（本登録済み）_	独自開発	―	―	http://ww	http://hea	haken/	search/				index.html	http://www.＊＊＊＊＊.jp/haken/search/index.html
10	お気に入りリスト	独自開発	―	―	http://ww	http://hea	haken/	search/				index.html	http://www.＊＊＊＊＊.jp/haken/search/index.html
11	新着お知らせメール申込み	独自開発	―	―	http://ww	http://hea	haken/	search/				index.html	http://www.＊＊＊＊＊.jp/haken/search/index.html
12	新着お知らせメール申込み_詳細条件指定	独自開発	―	―	http://ww	http://hea	haken/	search/				index.html	http://www.＊＊＊＊＊.jp/haken/search/index.html
13	新着お知らせメール申込み_メール送信完	独自開発	―	―	http://ww	http://hea	haken/	search/				index.html	http://www.＊＊＊＊＊.jp/haken/search/index.html
14	新着お知らせメール申込み_完了	独自開発	―	―	http://ww	http://hea	haken/	search/				index.html	http://www.＊＊＊＊＊.jp/haken/search/index.html
15	特集	CMS	派遣	tp-C-2 派遣特集トップ	http://ww	http://hea	haken/	feature/				index.html	http://www.＊＊＊＊＊.jp/haken/feature/index.html
16	職種別特集	CMS	派遣	tp-A-1 汎用ページ	http://ww	http://hea	haken/	feature/	job/			index.html	http://www.＊＊＊＊＊.jp/haken/feature/job/index.html
17	クリエイターのお仕事	CMS	派遣	tp-A-1 汎用ページ	http://ww	http://hea	haken/	feature/	job/	creator/		index.html	http://www.＊＊＊＊＊.jp/haken/feature/job/creator/index.html
18	受付のお仕事	CMS	派遣	tp-A-1 汎用ページ	http://ww	http://hea	haken/	feature/	job/	receptionist/		index.html	http://www.＊＊＊＊＊.jp/haken/feature/job/receptionist/index.html
19	携帯キャリアショップのお仕事	CMS	派遣	tp-A-1 汎用ページ	http://ww	http://hea	haken/	feature/	job/	mobile/		index.html	http://www.＊＊＊＊＊.jp/haken/feature/job/mobile/index.html
20	募集店舗	CMS	派遣	tp-A-1 汎用ページ	http://ww	http://hea	haken/	feature/	job/	mobile/	shop/	index.html	http://www.＊＊＊＊＊.jp/haken/feature/job/mobile/shop/index.html
21	人事・総務のお仕事	CMS	派遣	tp-A-1 汎用ページ	http://ww	http://hea	haken/	feature/	job/	jinjisoumu/		index.html	http://www.＊＊＊＊＊.jp/haken/feature/job/jinjisoumu/index.html
22	経理のお仕事	CMS	派遣	tp-A-1 汎用ページ	http://ww	http://hea	haken/	feature/	job/	keiri/		index.html	http://www.＊＊＊＊＊.jp/haken/feature/job/keiri/index.html
23	資格は有利？	CMS	派遣	tp-A-1 汎用ページ	http://ww	http://hea	haken/	feature/	job/	keiri/	qualificatio	index.html	http://www.＊＊＊＊＊.jp/haken/feature/job/keiri/qualification/index.html
24	営業のお仕事	CMS	派遣	tp-A-1 汎用ページ	http://ww	http://hea	haken/	feature/	job/	sales/		index.html	http://www.＊＊＊＊＊.jp/haken/feature/job/sales/index.html
25	エリア別特集	CMS	派遣	tp-A-1 汎用ページ	http://ww	http://hea	haken/	feature/	area/			index.html	http://www.＊＊＊＊＊.jp/haken/feature/area/index.html
26	品川エリア特集	CMS	派遣	tp-A-1 汎用ページ	http://ww	http://hea	haken/	feature/	area/	tokyo/	shinagawa	index.html	http://www.＊＊＊＊＊.jp/haken/feature/area/tokyo/shinagawa/index.html
27	青山エリア特集	CMS	派遣	tp-A-1 汎用ページ	http://ww	http://hea	haken/	feature/	area/	tokyo/	aoyama/	index.html	http://www.＊＊＊＊＊.jp/haken/feature/area/tokyo/aoyama/index.html
28	渋谷・恵比寿エリア特集	CMS	派遣	tp-A-1 汎用ページ	http://ww	http://hea	haken/	feature/	area/	tokyo/	shibuya/	index.html	http://www.＊＊＊＊＊.jp/haken/feature/area/tokyo/shibuya/index.html
29	虎ノ門・永田町エリア特集	CMS	派遣	tp-A-1 汎用ページ	http://ww	http://hea	haken/	feature/	area/	tokyo/	toranomon	index.html	http://www.＊＊＊＊＊.jp/haken/feature/area/tokyo/toranomon/index.html
30	丸の内・日本橋エリア特集	CMS	派遣	tp-A-1 汎用ページ	http://ww	http://hea	haken/	feature/	area/	tokyo/	marunouc	index.html	http://www.＊＊＊＊＊.jp/haken/feature/area/tokyo/marunouchi/index.html
31	新宿・池袋エリア特集	CMS	派遣	tp-A-1 汎用ページ	http://ww	http://hea	haken/	feature/	area/	tokyo/	shinjuku/	index.html	http://www.＊＊＊＊＊.jp/haken/feature/area/tokyo/shinjuku/index.html
32	初めての方へ	CMS	派遣	tp-A-1 汎用ページ	http://ww	http://hea	haken/	first/				index.html	http://www.＊＊＊＊＊.jp/haken/first/index.html
33	派遣ってどんな仕組み？	CMS	派遣	tp-A-1 汎用ページ	http://ww	http://hea	haken/	first/	structure/			index.html	http://www.＊＊＊＊＊.jp/haken/first/structure/index.html
34	派遣も色々、何が違うの？	CMS	派遣	tp-A-1 汎用ページ	http://ww	http://hea	haken/	first/	difference/			index.html	http://www.＊＊＊＊＊.jp/haken/first/difference/index.html
35	お仕事決定までの流れ	CMS	派遣	tp-A-1 汎用ページ	http://ww	http://hea	haken/	first/	flow/			index.html	http://www.＊＊＊＊＊.jp/haken/first/flow/index.html
36	労働者派遣関係法令	CMS	派遣	tp-A-1 汎用ページ	http://ww	http://hea	haken/	first/	law/			index.html	http://www.＊＊＊＊＊.jp/haken/first/law/index.html
37	職種のご案内	CMS	派遣	tp-A-1 汎用ページ	http://ww	http://hea	haken/	first/	job/			index.html	http://www.＊＊＊＊＊.jp/haken/first/job/index.html
38	一般事務	CMS	派遣	tp-A-1 汎用ページ	http://ww	http://hea	haken/	first/	job/	ippanjimu/		index.html	http://www.＊＊＊＊＊.jp/haken/first/job/ippanjimu/index.html
39	営業事務	CMS	派遣	tp-A-1 汎用ページ	http://ww	http://hea	haken/	first/	job/	eigyojimu/		index.html	http://www.＊＊＊＊＊.jp/haken/first/job/eigyojimu/index.html
40	経理・財務事務	CMS	派遣	tp-A-1 汎用ページ	http://ww	http://hea	haken/	first/	job/	keiri/		index.html	http://www.＊＊＊＊＊.jp/haken/first/job/keiri/index.html
41	貿易事務	CMS	派遣	tp-A-1 汎用ページ	http://ww	http://hea	haken/	first/	job/	bouekijimu/		index.html	http://www.＊＊＊＊＊.jp/haken/first/job/bouekijimu/index.html
42	総務事務	CMS	派遣	tp-A-1 汎用ページ	http://ww	http://hea	haken/	first/	job/	soumujimu/		index.html	http://www.＊＊＊＊＊.jp/haken/first/job/soumujimu/index.html
43	人事事務	CMS	派遣	tp-A-1 汎用ページ	http://ww	http://hea	haken/	first/	job/	jinjijimu/		index.html	http://www.＊＊＊＊＊.jp/haken/first/job/jinjijimu/index.html
44	英文事務	CMS	派遣	tp-A-1 汎用ページ	http://ww	http://hea	haken/	first/	job/	eibunjimu/		index.html	http://www.＊＊＊＊＊.jp/haken/first/job/eibunjimu/index.html
45	秘書	CMS	派遣	tp-A-1 汎用ページ	http://ww	http://hea	haken/	first/	job/	hisyo/		index.html	http://www.＊＊＊＊＊.jp/haken/first/job/hisyo/index.html
46	金融事務	CMS	派遣	tp-A-1 汎用ページ	http://ww	http://hea	haken/	first/	job/	kinyujimu/		index.html	http://www.＊＊＊＊＊.jp/haken/first/job/kinyujimu/index.html
47	販売	CMS	派遣	tp-A-1 汎用ページ	http://ww	http://hea	haken/	first/	job/	hanbai/		index.html	http://www.＊＊＊＊＊.jp/haken/first/job/hanbai/index.html

1 / 2 ページ

ヒューリステック調査　アウトプットイメージ

リニューアル時期と範囲

➢ 対象範囲　システム

■対象システムの定義

リニューアル後のサイトで必要となる大枠でのシステム単位での対象です

■詳細資料

『要件定義書補足_*****.xlsx 』資料のシート：*[システム]*　に記載**
※詳細の担当は上記資料内にのみ記載しています。以下はイメージのための概略図です。

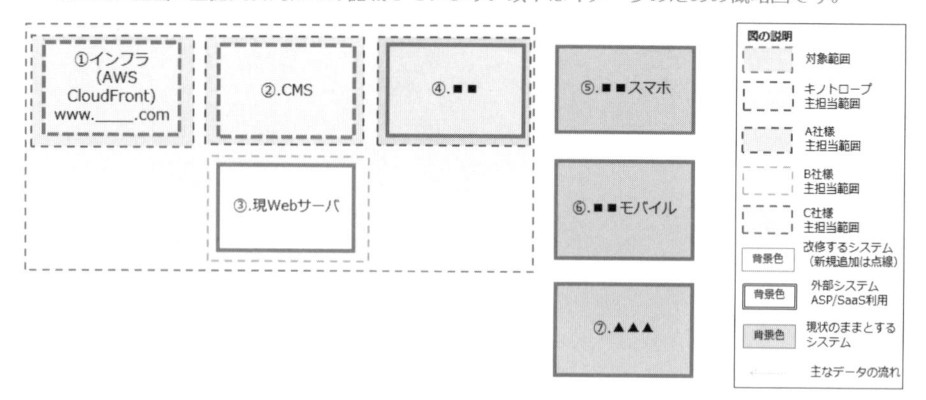

運用体制　機能 – 配信仕様

CMSの配信方法と間隔は以下のとおりとする。

■配信仕様

・CMSによる動的配信を行う

■キャッシュ仕様

・ブラウザキャッシュ
　・画像、CSS、JSファイルは7日キャッシュ（Google推奨）のヘッダを出力する
・CDNキャッシュ
　・ページのキャッシュ時間は60分とする
　・そのほか、画像、CSS、JS等のファイルのキャッシュ時間は3時間とする
・〇〇サーバ内キャッシュ
　・ページはキャッシュ時間を30分とする
　・利用ユーザー別に処理を行う箇所はキャッシュを行わないこととする
・補足
　・動的ページは変更から最大90分の遅延が発生します（CDNは個別キャッシュ削除が出来る仕組みとする想定）

UX Component Kit（Paper Prototype Edition）

https://kinotrope.co.jp/uxcomponentkit/

キノトロープの「スマートフォンファースト」と「コンポーネントの概念」を体感できる「UX Component Kit」。限定されたコンポーネントを利用して、構成要素を作る。これにより、CMSによるコンテンツ管理と設計の難易度が劇的に下がる。

CMS導入前提のWebサイトに最適な設計が可能になる。
「スマートフォンベース」に乗せれば、簡易ペーパープロトタイプになるのだ。
「表示形式を意識せず、お客様のニーズに最適化されたコンテンツを、必要な順番に並べたい！」
こんな施策が、すべてのページにおいて可能になる。

chapter 4-8

スマートフォンファーストワークフロー詳細

Phase6　制作＆開発 Development

プロトタイプで、十分な確認を実施してシステム開発に入る これがスピードとコストパフォーマンスを両立させる

これまでのフェーズで作成したプロトタイプ・設計を基に、最終的に公開されるWebサイトで利用するためのHTML制作および、CMS機能開発を行う。
また、開発したCMSにコンテンツを投入していく前に、システム的な問題がないことを確認する。

これまでのプロトタイプで表現上の確認を行ったものに対して、システム的に共通化・機能化とあわせてフィードバックの吸収を行う。
このことにより、実際の運用でよりコンテンツ制作が素早く効率的に行うためのCMSができる。

繰り返しプロトタイプで確認できているからこそ、システム構築の段階でもクライアントと認識の相違を最小化することができる。

ポイント

HTML制作では、プロトタイプでは考慮ができていない部分の対応を徹底的に行う。
これまでのフェーズで十分に最終イメージに近い内容で確認をとっているため、技術的な要素でのパフォーマンス（表示速度など）の最適化および、運用後のメンテナンスを考慮した最適化を行うことができる。
CMS開発では、個別に必要な機能に集中して機能開発を行うことができる。
また、どのようなユーザーが、どのような確認フローを経てコンテンツを制作・公開していくかについても、CMSでしっかりと実現することが運用後のコンテンツ制作をスムーズに進められるかの鍵となる。

Phase6　制作＆開発　Development

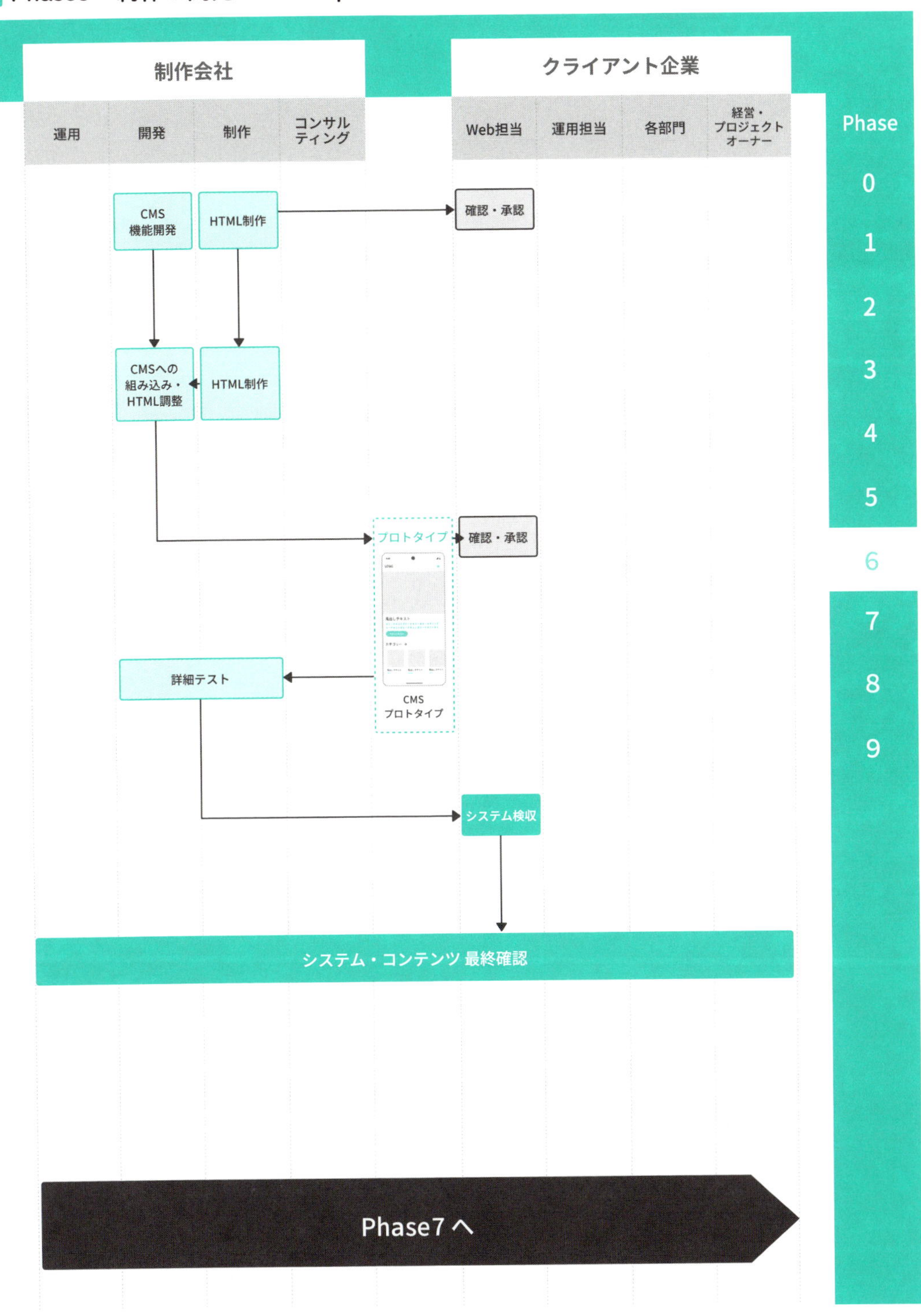

コンテンツ制作を考慮したCMS開発がサイトの成長を可能とする キノトロープメソッド

具体的な施策

HTML制作

HTML、CSS、JavaScriptの最終的なファイル一式を制作する。

現在のフロントエンド開発では、タスクランナーやCSSプリプロセッサ、フォーマッタ、リンター、各種フレームワークを利用して制作を行うため、最終的な制作物としては各種ソースコードの一式となる。

必要なアウトプット

CMS機能開発

CMSの設定およびカスタマイズと追加機能開発を行う。

納品物としては、CMSを含めたプログラムファイル一式となる。

- CMSプロトタイプ

詳細テスト

構築したWebサイトおよびシステムに対して各種テストを行う。

- 機能テスト（CMSの入出力の動作に問題がないか）
- 表示テスト（要件対象の各ブラウザでの動作に問題がないか）
- 表示速度テスト（Page Speed Insightなどの数値が要件レベルに達しているか）
- アクセシビリティテスト（目標とする適合レベルに対応しているか）
- 脆弱性テスト（セキュリティ上の問題がないか）
- 負荷テスト（目標とするアクセス量の際にサイトが正常に動作するか）

CMSテンプレート開発手法

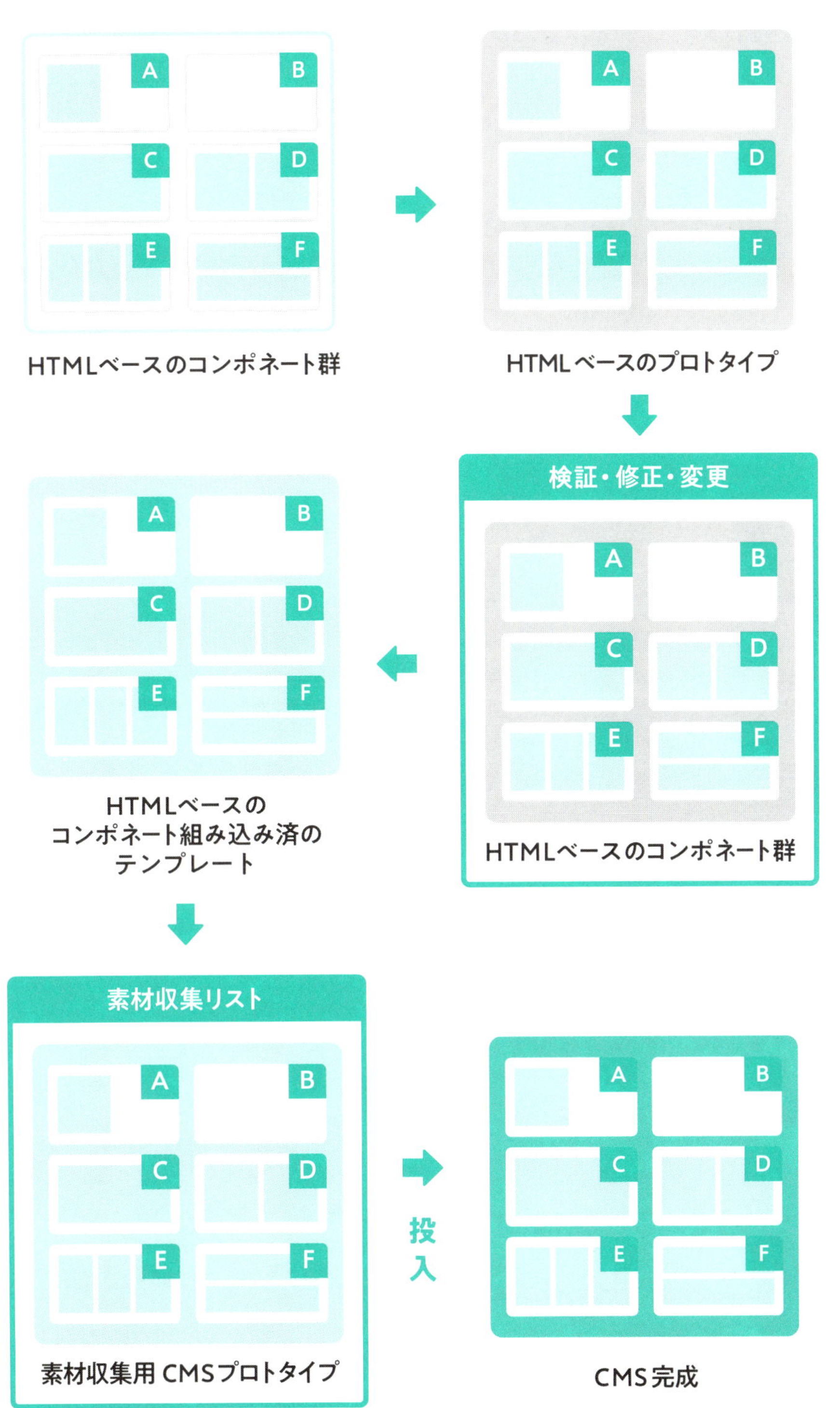

<column>CMSテンプレート開発手法

概要

完成されたHTMLをCMSに組み込んでしまうと、HTMLの変更が発生するたびに組み込み直さないとならず、開発コストがかさんでしまうというのは旧来からの問題である。
また、ソースコードやプログラムの資産もうまい具合に別の開発への流用が難しい場合も多く、毎回イチから開発することになりがちである。これは、それらの問題を解消するための開発手法である。

実現すること

HTMLの組み込み直しが発生しなくなるため、圧倒的開発スピードを実現できる。
そして別の開発へのソースコードおよび、プログラムの資産流用も容易になるため、イチから開発をしなくて済むようになる。
その副産物としては、経験の浅いエンジニアでも開発が可能となるため、特定のエンジニアへの属人化も抑止できるのだ。

具体的手法

CMSのテンプレートに組み込むHTMLをコンポーネント（*1）単位で設計。
CMSのテンプレートにHTMLを組み込むには、事前にHTMLの構造をコンポーネント単位で設計しておかねばならない。またこの際に各コンポーネントには、ユニークな名称をつけておく必要がある。これをカスタムエレメント化と呼び、カスタムエレメント化する際には、各コンポーネントの出力結果に相対するCMS側での入力項目もあらかじめ確定させておくことが必要となるのだ。

カスタムエレメント化したコンポーネントをCMSに組み込む

元来のHTML組み込み作業では、繰り返し処理や条件分岐などの複雑なプログラムはCMS側で実装を行わないとならないが、本開発手法では、それらの多くをクライアント側のJavaScriptで行うことになる。
CMS側ですることは、カスタムエレメント（コンポーネント）が積まれたページのテンプレートをクライアント側へ返し、その中の各カスタムエレメントへCMSの入力項目の値を出力することとなる。
またカスタムエレメント化されたコンポーネントは、複雑なHTML構造にはならず、可読性も高いため、組み込みの工数は大幅に削減されるのだ。
各コンポーネントにJSファイルを用意し、そのJSファイルでhtmlのコンポーネントを生成し、ブラウザ上に描画させる。
原則として1コンポーネントに相対するJSファイルは1JSファイルとなるが、用意したコンポーネントの数だけ、すべての相対するJSファイルをページに読み込ませるということはしない。親となるJSファイルが1ファイルあり、そのファイルのみをページに読み込ませる。各コンポーネントに相対したJSファイル群は、親ファイルの子ファイルとなり、必要な時に必要な子ファイルだけが親ファイルから呼び出され、CMSに組み込まれたカスタムエレメントを、ブラウザ上にコンポーネントとして描画実行をするという仕組みである。
それらのコンポーネントの制御は、JavaScriptファイル内で行う。
1コンポーネントのHTMLの構造、スタイル、機能は、それに相対する1JSファイル内で、定義、変更、更新を行う。これにより、CMS組み込み後のHTML変更も、該当コンポーネントに相対するJSファイルを更新さえすれば組み込み直しの必要がない。
※ただしCMS側での入力項目が増える場合などはこの限りではない。

メリット

CMSに組込んだ後は、HTML変更があった際もCMSの組み込み直しが発生せず、JavaScriptファイルを更新するだけで済む。
フルスクラッチ開発をなくせる。
必要な時に必要なソースだけを呼び出すため、表示速度向上につながる。
HTML DOM構造の肥大を抑制することができるため、表示速度向上につながる。
スタイルのスコープ化により、不用意なスタイル干渉を回避できる。
開発の属人化を抑止できる。

デメリット

フロントエンド側の処理が増えるため、サイト閲覧者のブラウザ（クライアントのスマートフォンやPC）の性能に依存する場合がある。
※対策として、サーバサイドで事前にレンダリングすることは可能となる。

プロジェクトに関わるエンジニアの見識やエンジアリングが要求される。
CMSで実行していたプログラムをJavaScriptで実行するようになるため、JavaScript開発の工数は増える。
JSファイルの更新にはビルド（*2）環境が必要になるため、リテラシーが高くない人間が少しだけスタイルなどを更新することが難しくなる。
フロントエンドの設計を見誤ると、JSファイル容量が肥大して表示速度に影響が出る。
開発環境に依存関係が発生する。

(*1) コンポーネント【component】
コンポーネントとは、文書構造が保たれ、動きなども伴った、粒度が大きめなHTMLパーツのかたまりのことを指す。粒度が小さくなると、文書構造で言う「大見出し」や「本文」や「リスト」であり、エレメントということになる。つまりは、エレメントの集合体がコンポーネントである。
(*2) ビルド【build】
ソースコードのコンパイル（*3）やライブラリのリンクなどを行い、最終的な実行可能ファイルを作成すること。
(*3) コンパイル【compile】
プログラミング言語を用いて作成したソースコードを、コンピュータ上で実行可能な形式（オブジェクトコード）に変換すること。

chapter 4-9

スマートフォンファーストワークフロー詳細

Phase7　コンテンツ制作 Content Creation

≫ コンテンツ＜情報＞を作ることはWebサイトを作るということ

そもそもWebサイトを制作するというのは、コンテンツを制作することでなければならない。
しかし、実態としては、コンテンツ制作が後回しにされがちである。
さらに、他のメディアで制作したコンテンツが使い回されることが多いのも、後から出てきたメディアであるWebの宿命だ。ただ、なぜコンテンツを作らなければならないか？
整理するならば、それはWebが紙と違い、順番に閲覧するわけではないというのが一番重要なポイントである。
どこから読むかを考えて制作された紙のコンテンツは、Webではそのまま利用できない。
しかし、紙向けのコンテンツを無理やり利用することは少なくないため、Webの一番のメリットであるOne to Oneができなかったり、各ページで似たようなコンテンツが多数存在するWebサイトが出現したりする。
似たコンテンツがたくさんあると、修正・変更時にすべてのページを更新しなければならない。
DB化してコンテンツを一元管理することが、まったくできなくなる。
Web用の専用コンテンツを作らなければ、Webサイト内でデータを使い回すことや、One to Oneなど、Webでしかできないことがまったく実現できなくなる。

≫ ポイント

そのコンテンツは、どのページで表示されるのかわからない！
Webならではなのは、どこでそのコンテンツが利用されるかわからないということだ。
コンテンツにとってこれは致命的な問題かもしれない。
もちろん汎用的な情報、たとえば会社情報や製品情報などは問題ないだろう。
しかし個人に対するソリューション情報などは、そもそも文脈や動線が非常に重要になるはずだ。それが、CMSを利用することのデメリットとして、わからない状態でコンテンツを制作しなければならないのだ。
後で説明する「本籍と現住所 (P.94)」で、これに対応している。

Phase7　コンテンツ制作　Content Creation

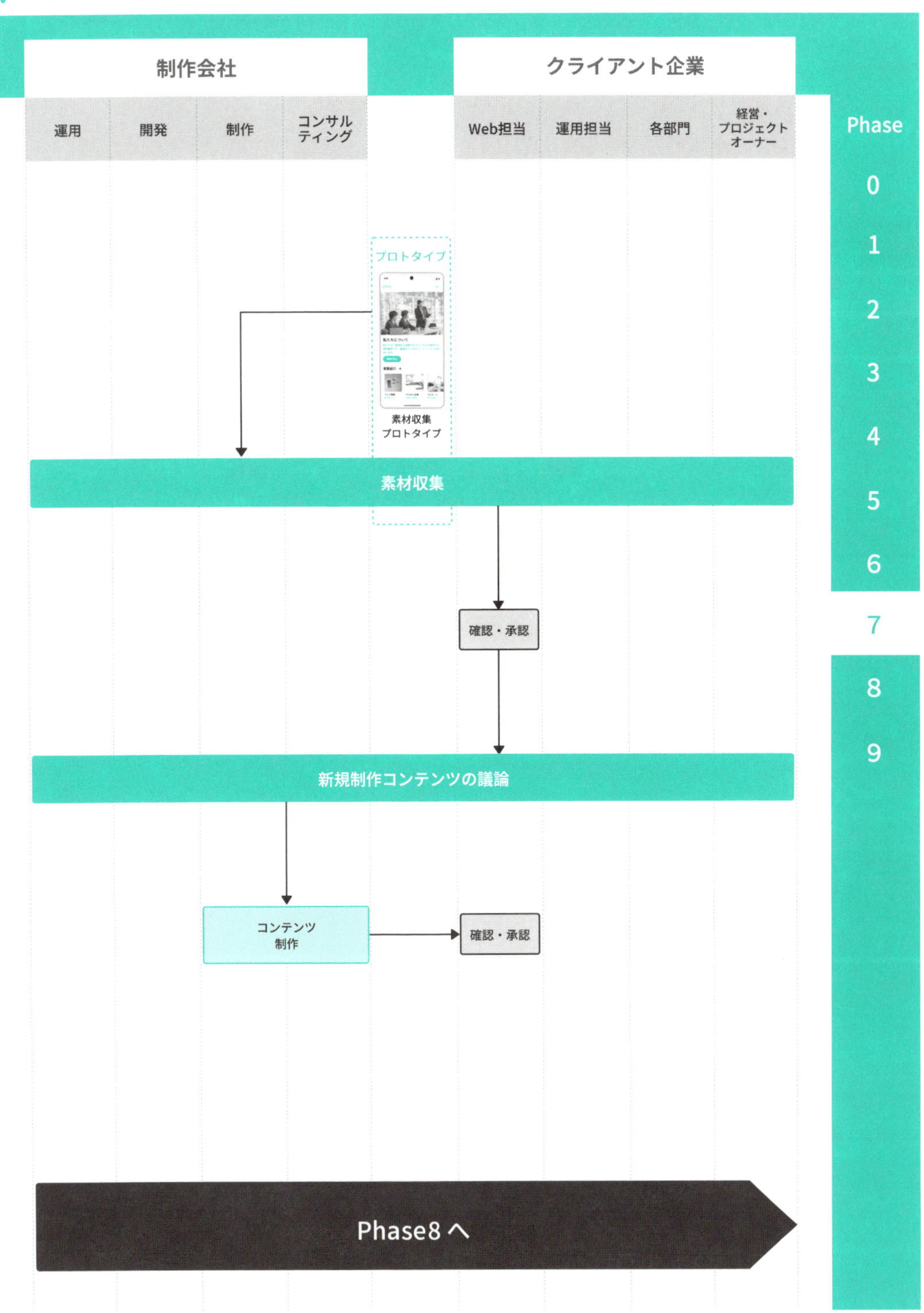

第4章

具体的な施策

- ページ制作／素材収集
- コンテンツ制作／新規コンテンツ

必要なアウトプット

- 素材収集システム（素材収集プロトタイプ）
- 素材収集シート
- コンテンツ
- ページ制作／コンポーネントの積み上げ

本籍と現住所

CMSツールを利用することで、コンテンツを自由に操れることになる。
これまで、リンクで遷移せざるを得なかったものが、現在お客様が閲覧しているページに、コンテンツを表示させることができるのだ。
これはWeb制作者にとって、夢のような話である。
しかし、これによってコンテンツ制作の難易度は非常に高まる。
コンテンツには読む順番があり、そもそも文脈がある。
それを無視してコンテンツを表示することで、お客様は読みにくさや違和感を覚えるかもしれない。
システムの設計的には、「データはデータベースに」「表示はテンプレートで」。
このような区分けもできるのだが、コンテンツそのものはそううまくはいかない。
そこで弊社では、各コンテンツに本籍と現住所という概念を与えて、本籍で表示される時に最高の状態にチューニングすることで、コンテンツ制作をスムーズに行うことを可能にしている。
もちろん、そもそもどこに表示されても対応できるように、タイトルや見出し、本文の文字数や画像の有無など、事前に検討しておかなければならないことは多い。
コンテンツ制作に入る前に、共通で使えるコンテンツ、いや共通で使うべきコンテンツを洗い出すことから始めてもらいたい。
そうすれば、同じコンテンツを何度も制作する不毛さから解放されるだけでなく、運用のタスクを大幅に減らすことができることを覚えておいてほしい。

素材収集シート　アウトプットイメージ

テンプレート設計書

管理画面

No		入力カテゴリ（A）	入力カテゴリ（B）	入力カテゴリ（C）	入力ラベル	入力フォームタイプ	選択肢	備考
H	1				ヘッダー	自動表示		
F	1				フッター	自動表示		
A	1	メインビジュアル			PC画像	アセット選択形式		トップ専用ブロック
	2				SP画像	アセット選択形式		
	3				画像alt	1行テキスト		
	4				PCsvg画像	アセット選択形式		
	5				SPsvg画像	アセット選択形式		
	6			リンク	リンクテキスト	複数行テキスト		
	7				リンク先URL	1行テキスト/アセット選択		
	8				ターゲット	ラジオボタン	同窓 / 別窓	
B	1	制作実績一覧				自動表示		
	2							
C	1	ソリューション			積み上げブロック	ブロック選択		
D	1	コアコンピタンス			見出し	複数行テキスト		
	2				見出しサブテキスト	複数行テキスト		
	3				リンクテキスト	複数行テキスト		
	4				リンク先URL	1行テキスト/アセット選択		
	5				ターゲット	ラジオボタン	同窓 / 別窓	
	6		コンテンツ		PC画像	アセット選択形式		
	7				SP画像	アセット選択形式		
	8				画像alt	1行テキスト		
	9				見出しテキスト	複数行テキスト		
	10				見出しサブテキスト	複数行テキスト		
	11				リンク先URL	1行テキスト/アセット選択		
	12				ターゲット	ラジオボタン	同窓 / 別窓	
E	1	セミナー情報			見出し	複数行テキスト		
	2				見出しサブテキスト	複数行テキスト		
	3				リンクテキスト	複数行テキスト		
	4				リンク先URL	1行テキスト/アセット選択		
	5				ターゲット	ラジオボタン	同窓 / 別窓	
F	1	会社概要			見出し	複数行テキスト		
	2				見出しサブテキスト	複数行テキスト		
	3				PC画像	アセット選択形式		
	4				SP画像	アセット選択形式		
	5				画像alt	1行テキスト		
	6				見出しテキスト	複数行テキスト		
	7				本文テキスト	複数行テキスト		
	8				リンク先URL	1行テキスト/アセット選択		
	9				ターゲット	ラジオボタン	同窓 / 別窓	
G	1	採用情報			見出し	複数行テキスト		
	2				見出しサブテキスト	複数行テキスト		
	3				リンクテキスト	複数行テキスト		
	4				リンク先URL	1行テキスト/アセット選択		
	5				ターゲット	ラジオボタン	同窓 / 別窓	
	6		画像コンテンツ		PC画像	アセット選択形式		
	7				SP画像	アセット選択形式		
	8				画像alt	1行テキスト		
	9				見出しテキスト	複数行テキスト		
	10				リンク先URL	1行テキスト/アセット選択		
	11				ターゲット	ラジオボタン	同窓 / 別窓	
H	1	積み上げブロック			積み上げブロック	ブロック選択		

スマートフォンファーストワークフロー詳細

chapter 4-10

Phase8　データ投入・研修
Data Input & Education

» CMSならではのPhase
CMSを生かすも殺すもこのPhase次第

データ投入は、CMSならではのPhase、事前の認識が重要。
自社内で運用できないCMSはCMSにあらず、だから自社内で運用体制を作る必要がある。
しかし、これまでCMSにふれたこともない社員に、いきなり操作することは、不可能だ。
制作過程の中に、社員の研修を入れておく必要があるのも、CMSでのWeb制作の忘れてはならないポイントなのである。

» ポイント

CMSとは、コンテンツ一元管理であり、メリットもある。ただ、CMSにも最大の難所がある。
それがこのPhaseで行う、データ投入である。
CMSで構築するには、この工程を絶対一度は踏まなければならない。
CMS化していても、コンテンツがDBに入っていなければ（これはCMS化したとは言えないが）この工程が必要である。
コンテンツ単位で、管理ページからデーターを投入する必要がある。

たとえば10,000ページを投入すると、とてつもない時間がかかる。
平均的なページで、1ページを投入するのに平均20分程度かかる。
このような場合、自動でデータを登録できる仕組みを開発して、登録作業を効率化する。
そうすることでコストと時間を抑えられる。

投入が完了した後は、以下のテストと確認も必要である。
1.Webサイトが快適に閲覧できるかの確認を行う。負荷試験（パフォーマンステスト）。
2.コンテンツの登録だけではなく、登録されたコンテンツに誤りはないか、正しく表示されているかの確認を行う。

Phase8　データ投入・研修　Data Input＆Education

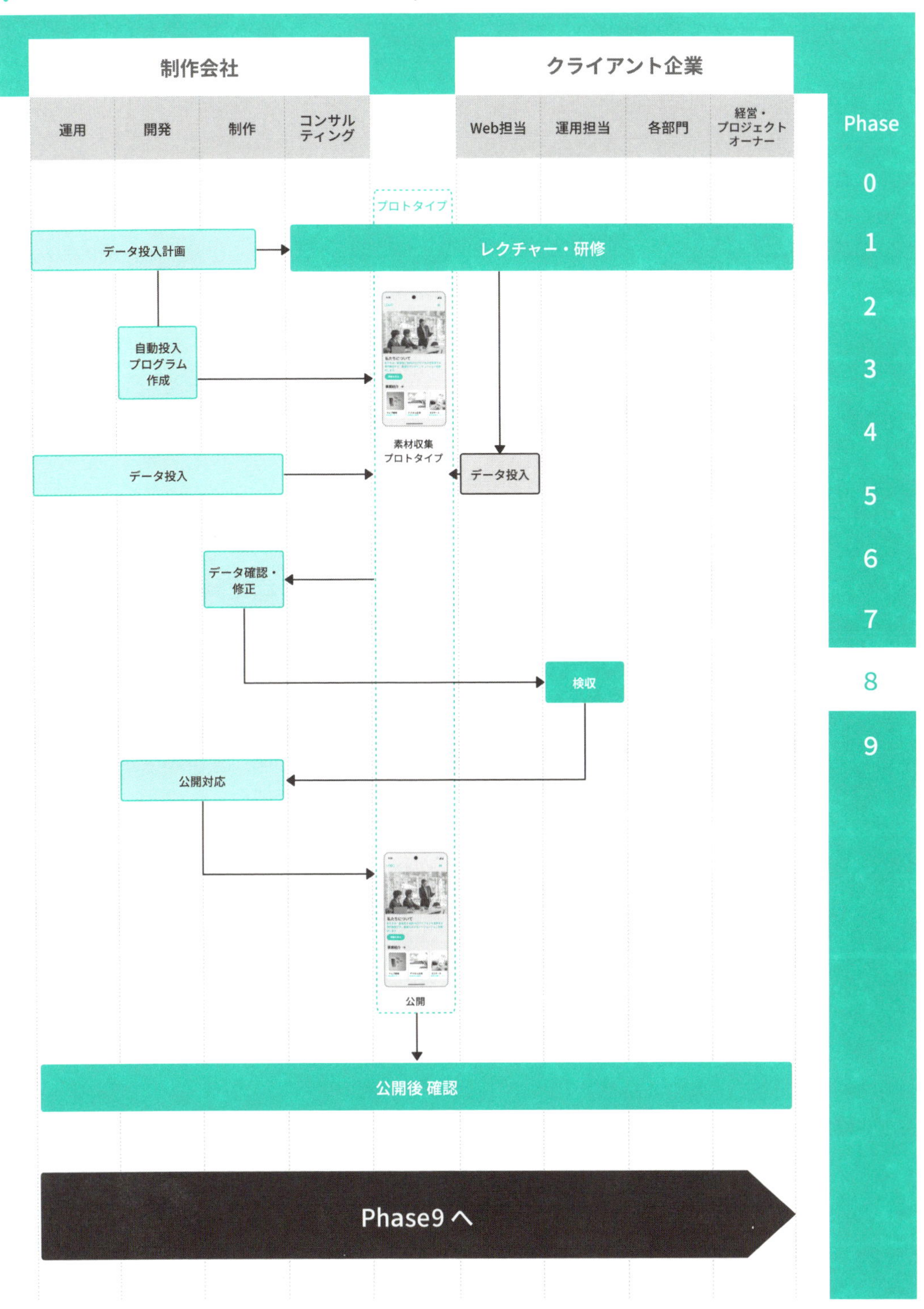

素材収集プロトタイプでテストを行い、検収もここで行う このプロトタイプを公開する

キノトロープメソッド

具体的な施策

- どのような手順でデータ移行するか、担当割と手段、スケジュールを明確にする
- 差分吸収や運用停止期間を定義する
- 自動投入が可能であれば、そのプログラムを開発する
- 脆弱性の試験
- データ入力
- ガイドラインとマニュアルを基にレクチャーを行う

必要なアウトプット

- データ投入計画書
  - -データ移行コンテンツリスト
  - -データ移行先
  - -データ移行担当
  - -データ移行方法
  - -移行スケジュール
  - -投入スケジュール
- 開発した自動投入プログラム
- 移行コンテンツのデータ移行、投入
- 脆弱性試験結果報告書
- 負荷試験、表示スピード結果報告書

必要なガイドラインとマニュアル、レクチャー

CMSを運用していく上で必要となるガイドライン、および操作方法を明記したマニュアルを作成する。実際にCMSに触れながら実運用のレビュー、実習を基にしたCMS操作レクチャーを実施。公開後からの運用開始ではなく、事前にCMSに触れ、公開と同時に本格運用へスムーズに移行できるよう、あらかじめCMSに慣れ親しんでいただく。

- マニュアル
- ガイドライン
- CMS利用方法
- 運用更新方法
- レクチャー用教材
- レクチャーの実施
- データ投入支援サポート

必要なガイドラインとマニュアル、レクチャー　アウトプットイメージ

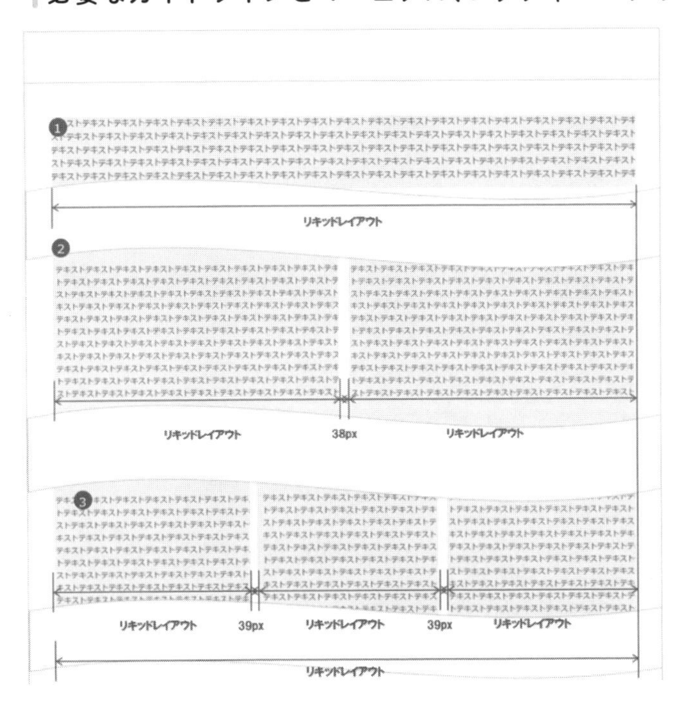

ヘッダ、コンテンツエリア、フッタで構成され、コンテンツエリアは 1カラム、2カラム、3カラムの3タイプよりコンテンツに合わせて適宜選択

掲載するコンテンツは本ガイドライン「1-4.デザインパーツ」のルールを順守し、その範囲内で編集すること

❶ コンテンツエリア（1カラム）
横幅100%で構成

❷ コンテンツエリア（2カラム）
コンテンツエリアを38pxのマージンを確保し、2等分で構成

❸ コンテンツエリア（3カラム）
コンテンツエリアを39pxのマージンを確保し、3等分で構成

※リキッドレイアウトのため、コンテンツの空きは38px相当の値になっています。
（画面の大きさによって幅が変更されます。）

負荷試験、表示スピード結果報告書　アウトプットイメージ

計測結果

試験結果

【スループット】　目標　…　**4.00 PV/秒**
実測値…　**6.00 PV/秒**

【応答時間平均値】　目標　…**3.00 秒**
実測値…**0.95 秒**

試験名	試験概要	1秒間に処理可能なページビュー数	1時間に処理可能なページビュー数（推定）	1ヶ月に処理可能なページビュー数（推定）	応答時間平均値
2スレッド	・1秒間に2リクエストの割合でサイトにアクセスがある状態 ・ユーザーは継続的にサイトページを参照する ・画像ファイルの読み込みは含む	**6.0 PV/秒**	16,000 PV	2,300,000 PV	**0.40秒**
4スレッド	・1秒間に4リクエストの割合でサイトにアクセスがある状態 ・ユーザーは継続的にサイトページを参照する ・画像ファイルの読み込みは含む	**7.0 PV/秒**	18,000 PV	2,500,000 PV	**0.90秒**
2スレッド（画像なし）	・1秒間に2リクエストの割合でサイトにアクセスがある状態 ・ユーザーは継続的にサイトページを参照する ・画像ファイルの読み込みは考慮外	**42.0 PV/秒**	100,000 PV	15,000,000 PV	**0.03秒**
4スレッド（画像なし）	・1秒間に4リクエストの割合でサイトにアクセスがある状態 ・ユーザーは継続的にサイトページを参照する ・画像ファイルの読み込みは考慮外	**85.0 PV/秒**	200,000 PV	30,000,000 PV	**0.03秒**

※計測結果項目の解説

・1秒間に処理可能なページビュー数　：-1秒間に処理可能な許容PV数
・1時間に処理可能なページビュー数(推定)　：-1秒PV * 50 * 50 (一般的なトラフィックを元に係数を算出)
・1ヶ月に処理可能なページビュー数(推定)　：-(1時間PV * 10) * 15 (一般的なトラフィックを元に係数を算出)
・応答時間平均値 (90%ライン)　：-全試験対象ページの応答時間から求められた平均値

chapter

4-11

スマートフォンファーストワークフロー詳細

Phase9　効果測定・改善提案 Improvement Plan

Webサイト構築のスタートライン これからが、真のWebサイト構築

Webサイト構築の本当のスタートラインである。

成果と仮説がない状態でログを解析しても無意味だ。

効果測定は作る前に考える。

仮説・検証こそが、Webサイトの効果測定の基本である。

ポイント

事前に決めた「成果を明確にするための指標」（この数値が変われば嬉しい）を指針にして、解析単位、影響すると考えられる数値の検証と因果関係を確認する。これにより、仮説を策定し検証を行う。

アクセス解析を行う際に何を基準にするのか。そもそも、アクセス解析は何のために行うのかが明確になっていなければ、ただの人気ページのチェックでしかない。

アクセス解析データに表れた数字から「問題点を明確し改善する」ことが、「正しいアクセス解析」なのである。

ログ解析とは？

多くの場合、ログデータを整理しただけのものがログ解析と呼ばれている。

何人来たとか、どのページがアクセス多いとか。

もちろん、これもあるに越したことはない。

しかし、本当に必要なものは仮説検証である。

だからそもそもサイトを作る前に、仮説を立てておく必要がある。

仮説を立てた部分を検証して修正する、そして再度仮説を立て直す。

仮説検証のスキームこそが、真にログ解析と呼ばれなければならない。

Phase9　効果測定・改善提案　Improvement Plan

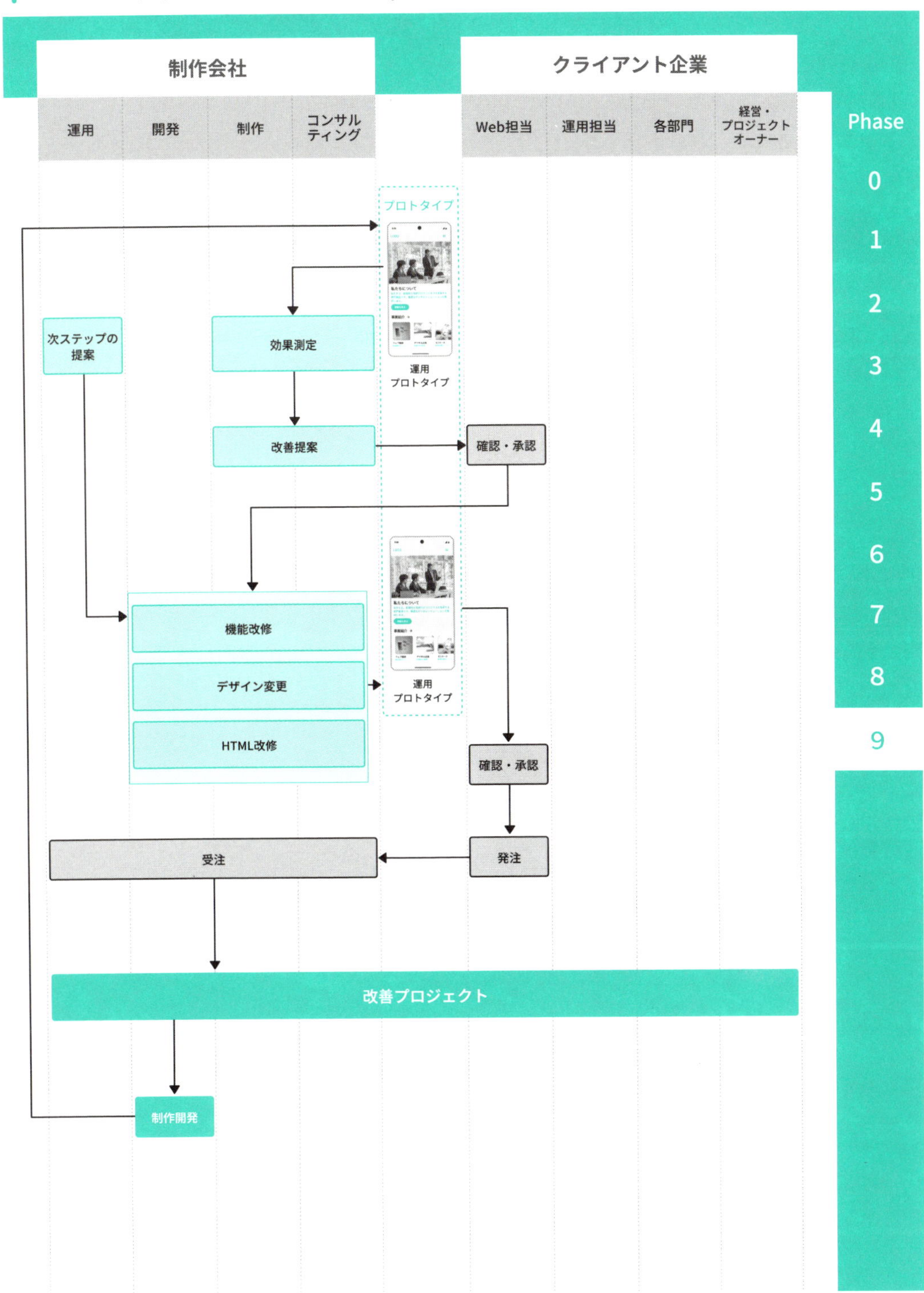

仮説検証があって、初めてログ解析と呼べる

キノトロープメソッド

具体的な施策

・「成果を明確にするための指標」に関係するログを収集、解析を行う
・これを基に仮説を作り、検証を行う
・これを繰り返すことで、Webサイトの改善を行う
・大規模な改修が必要な場合は、改善提案書をクライアントに提案する

必要なアウトプット

・ログ解析
Phase1で定めた仮説を検証するためのログ解析を行う

・スピード調査
Phase6時点の表示スピード結果報告書との比較を行う
(コンテンツ量やアクセスの状況で遅くなってきていないか)

・キーワード調査
Phase1で定めた仮説を検証するためのキーワード調査を行う

・成果確認
仮説とログ解析結果との照らし合わせを行う

・改善提案
ログ解析レポートより改善提案を行う

公開ページをコピーして、運用プロトタイプとする。それに改修案を適用することで、改修内容が誰にでも具体的に見える化をする。
これこそが運用のスピードアップのキモになる。

ログ解析　アウトプットイメージ

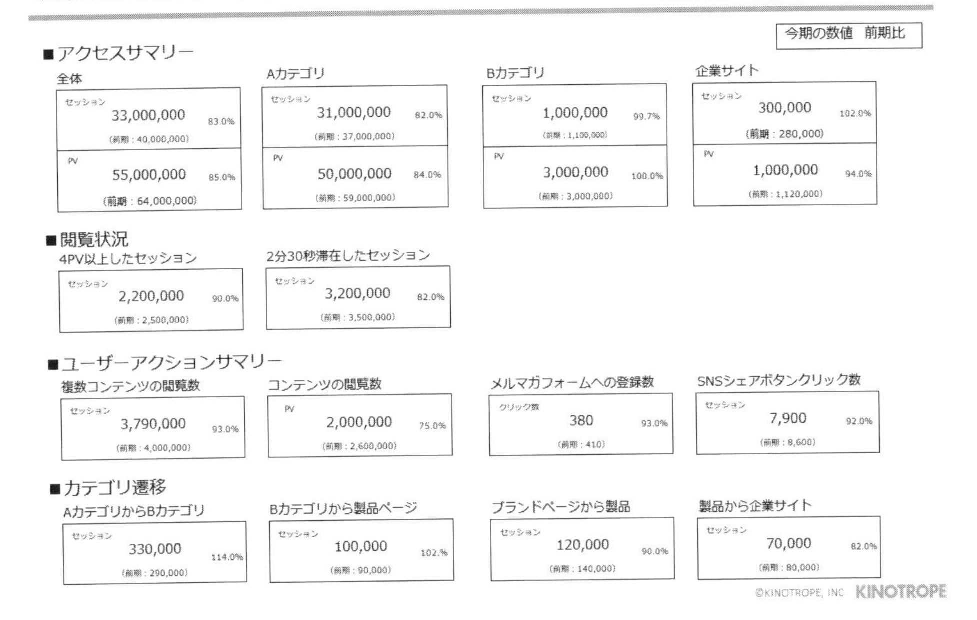

成果測定設計書　アウトプットイメージ

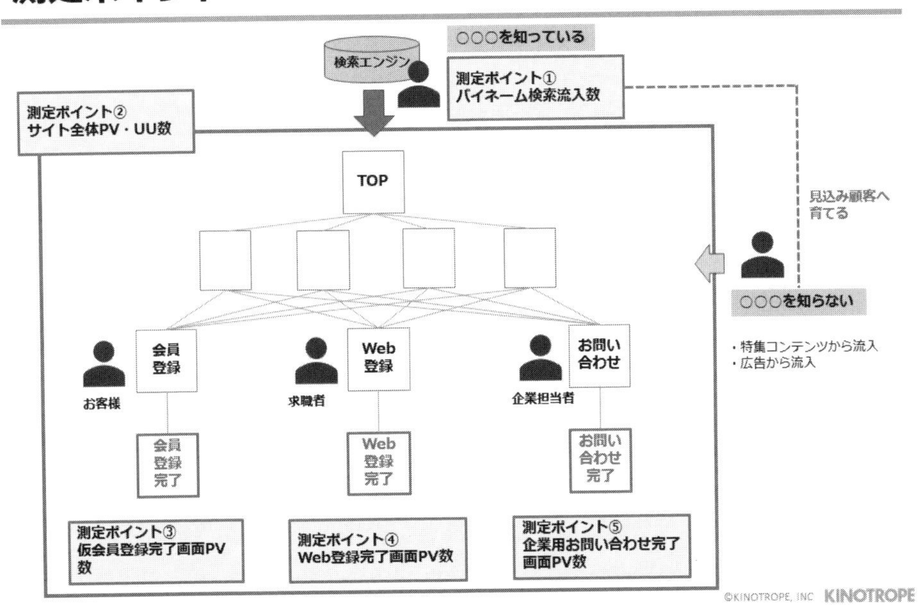

第4章

chapter

05

スマートフォン
ファーストワークフロー事例

矢崎総業株式会社

https://www.yazaki-group.com/

複数ドメインにまたがる巨大グループサイトを基盤から再構築

施策手段	コーポレートサイト総合リニューアル
ローンチ	2023年6月以降、順次
準備期間	2021年6月～
スタッフ	PM：生田 昌弘　D：笠井 貴斗

Text：笠井 美史乃

課題 背景　表面的なリニューアルでは解決しない大規模サイトの課題に正面から向き合う

矢崎総業株式会社からキノトロープへWebサイトリニューアルのオファーがあったのは、2021年6月。当時、矢崎総業では広報部が管理する矢崎グループコーポレートサイトの他、各事業部・子会社などのサイトが複雑に入り組み、訪問者が目的のページにたどり着きにくい状態でした。情報連携やブランディングなどに統一ルールがなく、CMSを導入したものの運用が滞っているケースも少なくありませんでした。

キノトロープの生田がコーポレートサイトを見て最初に受けた印象は、「大規模サイトで解決すべき問題がある典型的な状態」でした。

「UIを直すようなリニューアルで収まるものではなく、部分最適の状態を全体最適に作り変える必要がありました。そのために、矢崎総業社内、各事業部やグループ会社の隅々にまで、リニューアルに関してコンセンサスを取ることが私たちのミッションであると考えました」（キノトロープ 生田）

全体最適とは単にビジュアルの統一などに留まらず、運用・更新やコンテンツ共有など、全体の基盤となるCMSをしっかりと構築することです。グループ全体のサイトリニューアルを考えればそれが必須ですが、設計開発に時間とコストがかかる上、最初にリニューアルできるサイトが限られることから、生田は「提案として受け入れられにくい」と覚悟していました。しかし、矢崎総業の受け止めは違いました。

「キノトロープさんは、どの企業にも当てはまるような正論ではなく、当社固有の問題に向き合い、踏み込んだ内容を提案してくれました。それを実現する技術的裏付けや運用に向けたサポートにも言及があり、これなら社内を納得させられると確信しました」（矢崎総業 丸山さん）

目的理解や提案力といった評価項目の他、運用に向けた手厚い支援体制や熱意が評価され、満場一致に近い形でキノトロープの提案が採用されました。

目標 戦略　まずはプラットフォームを整える方針を決め、段階を踏んだ取り組みへ

リニューアル対象が膨大なため、計画は3つの段階に分けられました。まず、CMS基盤の開発とグループ総合のコーポレートサイトのリニューアル。次に各事業部・子会社サイトのリニューアル。そのコンテンツを充実

させつつ、グローバルサイトのリニューアルを目指します。

キノトロープがはじめに取り組んだのは、複雑に入り組んだ多数のサイトの関係を再構築し、将来的にすべてを載せられるCMSを設計することでした。しかし、企業が大きくなるほどそうした合意形成が簡単でないことを、過去の経験から想定していました。

「大規模サイトの難しさはエンジニアリングの問題ではありません。クライアント側の事情を考慮して筋道を立て、エビデンスを用意するなど、なるべく柔らかく提案を通せるようあらゆる関係者と交渉することです」（キノトロープ 生田）

リニューアルに向け長く検討を進めてきた矢崎総業では、将来的なWeb活用の形を掴みかねていましたが、ここで方針が明確になったと言います。

「以前はデザインや見た目の問題に走りがちでしたが、今回はまずプラットフォームを整えコンテンツは後から充実させていくと、切り離して考えることで、基盤作りに重点を置くことに集中できました」（矢崎総業 佐藤さん）

STEP 1
- 全体の構造を再構築
- 基盤となるCMSの設計・開発
- コーポレートサイトのリニューアル

STEP 2
- 各事業部サイトのリニューアル

STEP 3
- 事業部サイトのコンテンツ拡充
- グローバルサイトリニューアルに向けた検討

成果 今後 リニューアル完了がスタートライン 専任担当者と連携し、本格的な運用へ

2023年6月、STEP1のコーポレートサイトリニューアルが完了しました。当初の課題であった構造の問題は、デザイン面からも入念に検討されました。

「コーポレートサイトには幅広い層が各々の目的を持って訪問します。ソリューションの全体像がわかり、適切なページに遷移できるよう、特にトップページは時間をかけてデザインと構造を考えました」（キノトロープ 笠井）

2024年3月には各事業部サイトも公開。その運用に向け、矢崎総業では事業部ごとに専任のWeb担当者2名を置き、各々の顧客ニーズに沿った情報提供に取り組む体制を整えました。広報部はそれらをコーポレートサイトと連携させながら、定例会を設け全体でPDCAを回していく計画です。

「今回こうして全体を整理できたことで、デジタルマーケティングへの活用など、次のステップへ向かうスタートラインに立てました。特に若手の担当者とは問題意識を共有できたと思いますので、リテラシーを高めながら活用を広げていきたいと考えています」（矢崎総業 佐藤さん）

これから運用を担う事業部の方の熱心さは、キノトロープが実施したCMSのレクチャーでも感じられたと言います。広報部では今後、次の目標となるグローバルサイトのリニューアルに向け、各地域本社にヒアリングするなど検討を進めていく考えです。

Webマーケティングを次へ進めるための前段階として、全体の整理ができました。

佐藤 亮
矢崎総業株式会社
経営企画室 広報部

やっとスタート地点に立つことができたのでお客様の声を反映しより良くし続けます。

勝山 寛
矢崎総業株式会社
経営企画室 広報部

基盤ができたおかげでお客様にとっても必要な情報を見つけやすくなりました。

丸山 靖史
矢崎総業株式会社
経営企画室 広報部

将来的な展開を見据えまずはしっかりとした基盤を構築することを提案しました。

生田 昌弘
株式会社キノトロープ
代表取締役社長

新規の人が見ても知っている人が見てもわかりやすい構造を第一に考えました。

笠井 貴斗
株式会社キノトロープ
コンサル部 ディレクター

仕事のポイント
- 企業固有の課題に向き合い、本質的な改善を提案
- 多数の大規模サイトで実績を持つ信頼の制作・進行・折衝力

株式会社日本ピスコ

https://www.pisco.co.jp

より見つけやすく、使いやすく、製品情報の幅広い活用へ、基盤を作るリニューアル

施策手段	自社商品サイト
ローンチ	2021年12月
準備期間	2020年10月～
スタッフ	PM：濱田 優　PM：高橋 輝　開発・保守：安念 佑馬

Text：笠井 美史乃

課題背景　20万点以上の製品情報を掲載するサイトで目当ての製品を探し出せるようにしたい

株式会社日本ピスコは、空圧機器の開発・製造・販売を主な事業とし、産業機器をはじめ食品・医療・半導体・工作機械・自動車など幅広い分野で世界中に顧客を持つ企業です。しかし製品の幅広さは一方で管理・検索の難しさとなり、以前の同社Webサイトでは、訪問者が目的の商品にたどり着きにくい状況が生じていました。

「20万点以上ある製品から求めているものをお客様が探し出し、詳細を把握できる状態にすることがリニューアルの目的です。複数の会社に相談する中で、キノトロープさんの提案が最もそれに適していると考え、依頼しました」（日本ピスコ 原さん）

キノトロープは、製品情報を会社の基盤として一元管理する仕組みを提案します。その第一歩は、コンサルティングでした。

「まず、サイトの“あるべき姿”をみんなで考えようとお伝えしました。やりたいこと、解決したいことを明確にするのです。そこから訪問者の行動をシナリオにし、行動図にまとめ、レイアウトの形にしていきました」（キノトロープ 濱田）

最大の難関は、その先にありました。大量の製品情報を扱うためのデータベースの構築です。単純にExcelのフォーマットへ入力するだけでなく、プログラム開発と並行して、必要な項目やデータの粒度といったフォーマット自体のブラッシュアップを重ねる必要がありました。

こうしたケースでは作業の重さから実現を断念する企業も少なくない中、日本ピスコは覚悟を決めて取り組みました。

「他社に頼める作業ではないので、自分たちでやるしかありません。これを避けてはリニューアルする意味がなくなるという思いがありました」（日本ピスコ 木舟さん）

リニューアルは原さん・木舟さんの営業推進部を中心に動いていましたが、データベース入力はそれではまかなえず、部門をまたいだ30人以上の社員の協力によって実現したのです。

情報の粒度が揃い、レイアウトが崩れない 内製をサポートする「ブロックテンプレート」

新しいWebサイトでは、データベースの製品情報をCMSに引き込んでテンプレートに流し込み、表側からの見え方はCMS上で構築するという仕組みが採用されました。ここで用いられているのが、「ブロックテンプレート」という機能です。

「HTMLを知らなくてもコンテンツを作成でき、さらに入力された情報を構造的に一元管理する仕組みです。サイト上で使われるパーツ類をあらかじめすべて定義し、どう並べても崩れないよう設計することで、入力されたデータを後から幅広く活用できます」（キノトロープ 濱田）

たとえば製品ページの「説明」ブロックに入力した文章が、検索結果や閲覧履歴などにも表示されたり、特集ページに配置できたり、という格好です。

「正直なところ理解するのに少し時間がかかりましたが、一度理解すればかなりいろいろなことができます。誰が作業しても情報の粒度が揃い、崩れる心配がないこともブロックテンプレートの利点だと実感しています」（日本ピスコ 木舟さん）

リニューアル以降、製品情報だけでなく「HP使い方ガイド」やテーマ別の特集など、多数の新規ページが日本ピスコ社内で制作されています。

成果
今後

リニューアルはスタートライン より良いサイトと情報管理基盤構築を目指す

ローンチ後、直接的な売上への寄与は明確ではないものの、日本ピスコでは一定の手応えを感じていると言います。

「ログを見ると狙った部分への流入が増加しています。また、弊社のお客様満足度調査でもWebサイトが見やすくなった、探しやすくなったという意見を多くいただきました」（日本ピスコ 木舟さん）

しかし、課題も残っています。その1つが製品データベースです。現在はExcelで管理し、サーバにアップロードしてページに反映させる手順を踏んでいますが、複数部署からのデータ収集や多言語対応など、更新作業が負担になっています。これをPIM化し、負荷分散と同時に、紙のカタログや外部ECサイトなどへの幅広い活用を将来的な目標としています。

日本ピスコにとってはWebサイトに留まらず、全社的な製品情報管理基盤を構築する事業の第一歩でもありました。

「今回のリニューアルでは役員をトップとするプロジェクトが組まれ、社内全体で動ける体制を整え、多くの協力を得てやっと立ち上げることができました。しかし、これはゴールではなくあくまでスタートです。引き続きキノトロープさんとより良いサイトを目指したいと思います」（日本ピスコ 原さん）

20万超の製品を探せる仕組みの構築にキノトロープの提案が合うと思いました。

原 一夫
株式会社日本ピスコ
営業推進部 次長

キノトロープはすべて社内で対応してくれる体制があり、安心してお願いできました。

木舟 卓
株式会社日本ピスコ
営業推進部 営業業務課 係長

ヘビーなExcelシートを入力してくださったおかげで目標の実現が可能になりました。

濱田 優
株式会社キノトロープ
執行役員 プロジェクトマネージャー

独特な志向のブロックテンプレートですが、機能に込めた狙いが伝わって嬉しいです。

高橋 輝
株式会社キノトロープ
執行役員 プロジェクトマネージャー

次のステップとして情報の一元管理化のメリットを明確にして進めていきたいです。

安念 佑馬
株式会社キノトロープ
開発・保守部 副部長

仕事のポイント

- 数万ページを超える大型案件で、顧客に合わせた最適解を提案
- 使いやすく合理的な運用ができる更新ツールを開発・提供

株式会社荏原製作所

https://www.ebara.co.jp/

業績に貢献するサイトへ 今後の事業戦略を見据えたリニューアル

施策手段	自社Webサイト
ローンチ	2021年5月～
準備期間	2019年12月～
スタッフ	PM：濱 大洋

Text：笠井 美史乃　Photo：五味 茂雄（STRO!ROBO）

課題背景　増改築を重ね複雑化したサイトのリニューアル　最初の一歩は「どうありたいか」の共有

株式会社荏原製作所は、ポンプやコンプレッサ、都市ごみ焼却プラント、半導体製造機器など、社会インフラや産業を支える装置・設備を提供する創業110年の世界的企業です。コーポレートサイトはありましたが、増改築を重ね階層が複雑化し、目的の情報にたどり着きにくく、販売促進に使いにくいことが課題でした。改善のためのリニューアルが計画され、コンペの結果制作を依頼したのがキノトロープでした。

プロジェクトを担当したキノトロープのプロジェクトマネージャー 濱は、提案依頼書の内容から「営業的に機能するサイト」をコンセプトに据え、階層構造の改善や集客のためのコンテンツ制作を提案。荏原製作所側は関係者全員の一致でキノトロープへの依頼を決めました。

「最初のプレゼンの時点から旧サイトをしっかり分析し、事業内容を踏まえた上でたくさんの改善提案をしてくれました。たとえば、主力商品が検索上位に出ておらず、競合へ人が流れていること。また、当たり前なのでしょうけどKPIを設定し改善していくことも、私たちにとっては新しい気づきでした。Webサイトのより良い姿を一緒に考えてくれるパートナーとなってくれることを期待しました」（荏原製作所 徳永さん）

以前のサイトでは、制作段階で各事業部の要望が反映されていなかったために情報の継ぎ足しが繰り返され、わかりにくさを招いた反省から、今回は最初期から全事業部の代表者がプロジェクトに参加。キノトロープの濱は、各部門のヒアリングを通じてゴールの形をじっくりと検討していきました。

「荏原製作所様自身がどういうサイトを目指していきたいのか、ヒアリングを基に2～3カ月かけて最終的な姿に対する認識を合わせていきました」（キノトロープ 濱）

“どうありたいか”という視点は、その後の仕様策定や施策の方向性をブレないものにしていくための基盤となりました。

目標戦略　指名でない検索からの流入獲得を目指し各部門の協力を得てコンテンツを拡充

「営業的に機能するサイト」を目指す上で重要な施策の1つが、「バイネームではないキーワードからの集客力を高める」ことでした。以前のサイトにも製品検索ページはありましたが、製品ページを開いても情報量は少なく、より詳しい情報はコーポレートサイトの外に置かれている状態でした。これでは、たとえば「ドライ真空ポンプ」のような一般名称での検索から、荏原製作所を指名していない人を誘導するのは困難です。

そこで、今回は新たに「ドライ真空ポンプとは」といったハウツーや一般的な知識を紹介するコンテンツを大量に制作しました。製品検索トップと製品詳細ページをつなぐ役割を持たせ、SEO的に機能させることを狙ったのです。

また、SEOの順位はコンテンツのボリュームや更新頻度も重要な評価指標です。この点には、各事業部がそれぞれ担当する範囲において追加コンテンツを制作し、定期的に拡充することを対策としました。「用語集」「よくある質問」などがそれに該当します。

「各部門から情報をもらい、管理者の方が更新できる体制を整えました。CMS側では該当するコンテンツを簡単に追加できるようテンプレートを作り込んであります。内容によって弊社の保守で対応する場合もあります」(キノトロープ 濱)

後に、事前にキャッチできていなかった検索キーワードに対応するコンテンツも追加され、問い合わせを増やす結果にもつながりました。

成果 今後　公開後半年で全体のKPIを達成中 アクセス解析と同時に改善案も

2021年5月、荏原製作所の新しいコーポレートサイトが公開されました。公開から3カ月間の数値を基準に、その後3カ月ごとにアクセス解析の結果を両社で確認しています。

直近では、全体で新規ユーザー数109%、セッション数が107%と目標を上回る成果を出し、順調な推移を見せています。検索順位については、たとえば『陸上ポンプ』が22位から1位、『水中ポンプ』が99位から4位など表示順位が大きく上昇し、多くのキーワードが検索結果の1～2ページ目に表示されるようになっています(記事執筆時点)。

また、IRのページは金融系の外部評価機関から発信内容のコンテンツ面と見やすさのデザイン面が認められ、表彰を受けるなど、部門ごとに設定したKPIでも成果を上げています。

「アクセス解析をご報告する際、伸びが足りない部分があれば改善策も一緒にご提案しています。ナビゲーションの改修や回遊性向上のための関連コンテンツ表示など、引き続き、細かな修正を積み重ねています」(キノトロープ 濱)

「今後、海外も視野に入れたWebサイトからの業績向上、また、適切な情報開示やブランディングの発信にもWebサイトを活用していきたいです」(荏原製作所 徳永さん)

「キノトロープさんは、このWebサイトをどう活用していけばいいか継続的に相談できる存在です。社内各部門とも情報を共有して議論し合い、製品をお伝えしながら販売につなげていきたいと思います」(荏原製作所 徳永さん)

企業のWebサイトがどうあるべきか、新しい気づきを数多くいただきました。

徳永 薫
株式会社荏原製作所
グループ経営戦略・
経理財務統括部
経営企画部 IR・広報課長

中核の担当者の方が意思を持って各部門を取りまとめてくださり、全体最適が実現しました。

濱 大洋
株式会社キノトロープ
執行役員 コンサル・制作部
プロジェクトマネージャー

仕事のポイント

- 「あるべき姿」を描き出し、最適な施策とシステムを設計
- 業績に貢献するサイトに育てる、継続的な解析と改善提案

クラブツーリズム株式会社

https://www.club-t.com/

お客様ファースト・スマートフォンファーストを実現するための取り組み

施策手段	自社Webサイト
ローンチ	2018年10月～
準備期間	2017年11月～（※STEP1公開までの期間）
スタッフ	PM：生田 昌弘　SE：高橋 輝

課題 背景　PCサイト主軸に構築されてきたサイトを、スマートフォンに最適化

クラブツーリズム株式会社は、主に中高年向けの国内外ツアーを主催し、テーマ性に富んだ多種多様なツアーが特徴の旅行会社です。「会員の年齢層が高いため、PCサイト中心・カタログ中心の運営でしたが、時代に対応する取り組みとしてスマートフォンへの本格対応を検討するようになりました」と、同社執行役員の村上さんはリニューアルの経緯を語ります。

そして、「Webでのサービスレベルを上げる」というミッションのもとスタートしたリニューアルプロジェクトを手掛けたのがキノトロープです。まずは、Webサイトの問題を明確にするために、現状の課題の洗い出しを実施。❶スマートフォンに最適化されていない❷カタログのレイアウトから脱却できていない❸カテゴリや特集などの導線が縦割りで構築されており、他のページへの横渡りができない❹すべてのユーザーに同一の内容を表示しており、お客様単位でコンテンツを出し分けるなどのユーザーニーズ最適化が成されていない…、などの課題が浮き彫りになりました。

社内全体でも問題意識は高く、役員へのプレゼンも順調に進みましたが、大きな課題に直面。膨大なページ数と複雑な構造、そして様々なシステムの組み合わせが、プロジェクトの行く手に立ちはだかりました。そこで、キノトロープは「完璧を目指さない」を提案。

「STEP論を提示し、3～4のステップであるべき姿に近づけていく。これこそが、大規模Webサイトプロジェクト進行の肝かもしれません」（キノトロープ 生田）

「まずはじめにやらなければならないことは、Webサイトの基盤になる部分を十分に考慮して構築すること。今回は、今後必要なOne to Oneの基盤となるコンテンツ一元管理をCMSで行うことが必須条件となりました」（キノトロープ 高橋）

目標 戦略　スマートフォン最適化とOne to Oneを同時に実現させたい

今回のリニューアルの一番のポイントは、スマートフォン最適化とOne to Oneのための基盤を作ることでした。

「CMSで基盤を構築してコンテンツを一元管理する。そしてそのコンテンツを各テンプレートに吐き出すことで、スマートフォン最適化とOne to Oneの2つを成し得たいと考えました。また、スマートフォン最適化のために「必要な要素を絞って動線を設計し、シンプルでわかりやすいインターフェイスを実現しました」（キノトロープ 高橋）

さらに、クラブツーリズムの市川さんは「スマートフォンでの見やすさ・使いやすさを考慮して、掲載する要素をスリム化するなど、カタログとは違う考え方でレイアウトを決める必要がありました」と、制作時のポイントを語ります。

そしてOne to One実現のために、ユーザーの訪問回数や動線によってコンテンツだけでなく、ページのレイアウトも変化させる仕上がりとなりました。現時点では一部のみですが、次のステップでは、さらなるパーソナライズ化を実現する予定だそうです。

初回訪問時の表示　　2回目以降は閲覧履歴で表示が変わる

動線によりレイアウトも変わる

成果 今後　TOPから特集ページへの遷移率が激増！ Web化する販売経路にも最適化

サイト構造を決める上では、テーマ性のある特集ページを全面に出すことで、選ぶことの楽しさを打ち出し、さらに画像による訴求を増やすことで、旅の楽しさを演出することを目指しました。

その結果、TOPページから特集ページへの遷移率は劇的に上昇しました。「スマートフォンでは、以前より7倍近く上昇した期間もありました」とクラブツーリズムの市川さんは語ります。

また、オーガニックの集客数も全体的に向上しており、「これはクラブツーリズムというブランドが認知されてきている証拠でもあります」とリニューアル後の成果を評価しています。

しかし、現時点ではまだ第1ステップを通過したところ。

「今後は、第2ステップとしてお客様に最適な商品・コンテンツを表示するレコメンドの範囲を広めていき、お客様最適化をさらに進めていくことで、コンテンツの有効活用を実現する予定です。もちろん、まだCMS移行が済んでいない部分も、この第2ステップと共に進めていく予定です。今後もお客様ファーストの理念は忘れずに、特別感のある旅行を提供していくことを目指したいと思います」（クラブツーリズム 村上さん）

プロジェクトで関わる複数社の間に入り、進行をしてくれたので円滑に進みました。

村上 さちえ
クラブツーリズム株式会社
執行役員
WEB販売部長兼
マーケティング部 部長

事前に当社サイトや商品顧客をよく研究してくれており、信頼してお任せできました。

市川 智之
クラブツーリズム株式会社
WEB販売部 課長

表示するコンテンツ量は豊富にあるため、体感速度の向上を特に意識しました。

高橋 輝
株式会社キノトロープ
開発部 部長

仕事のポイント

- クライアントの成果にコミットするための明確なワークフロー
- 顧客と一緒に「あるべき姿」を作り出し、STEP論で実行する

大和リゾート株式会社
DAIWA ROYAL HOTEL チェーンサイト

https://www.daiwaresort.jp/　　※社名などの表記は2021年時点

ユーザビリティ改善と今後の事業戦略を見据えた予約システム刷新プロジェクト

施策手段	自社Webサイト
ローンチ	2021年1月18日
準備期間	2019年10月～
スタッフ	PM：濱田 優　D：荒井 翼

Text：笠井 美史乃　Photo：五味 茂雄（STRO!ROBO）

課題背景　スマートフォンファーストへのリニューアルを経て課題の残る予約システム刷新に着手

大和リゾート株式会社は2012年、同社ホテルブランド「DAIWA ROYAL HOTEL」の公式サイトを全面リニューアルしました。固定ページのみだったサイトに初めてCMSを導入し、価格や在庫をアクティブに運用する形へ転換したのです。これを担当したのがキノトロープです。

その後も大小の改修を通じて両社の関係は継続的に続き、2018年、“スマートフォンファースト”を目的に再び大規模なリニューアルが行われました。

「2012年当時は、PCからの閲覧とスマートフォン（外出先）からの閲覧ではニーズが異なっていたため、コンテンツもそれに合わせて設計していました。しかし、その状況が変化してきたことに対応するため、スマートフォンでの使いやすさを見直した再設計を行いました」（キノトロープ 濱田）

これにより、ホテルサイト本体側はUIの刷新を実現しましたが、宿泊予約システム側には課題が残りました。現在、国内大手ホテルチェーンでは予約システムにASPを導入するケースが一般的で、同社もその形で運用してきました。しかし、もともとPC向けに設計されていたためスマートフォンでは操作性が悪く、ステップ数が多い、ドメインが本体サイトと変わるため回遊させにくいなど、サービスレベル向上のネックになっていたのです。

「たとえば家族3世代の旅行で2部屋予約しようとすると、合計金額を確認するまで4ページくらい進む必要があり、アクセス解析ではそこで大量に離脱してプラン選択のページに戻っていたんです。この点については社内でも以前から課題になっていました」（大和リゾート 山田さん）

これまで、同ホテルでは法人・個人の会員向けを主軸としたサイト運営を行なってきましたが、近年は一般顧客の取り込みでWeb市場を伸ばすことにも注力。目的の変化に伴い、今後の事業戦略に対応できるシステムへの刷新が望まれていました。

目標戦略　導線の最適化でステップ数を削減　メンバーの認識合わせにプロトタイプが活躍

プロジェクトの当初からこだわったのは、ユーザーが最短ステップで目的を達成できる「導線設計」でした。

ユーザーの予約経路は、個人・法人会員、非会員などのユーザー区分、日程・プラン・ホテルの場所や部屋などの探し方など、じつに多様で複雑です。

「最初に現状のステップをチャートにし、最短で目的を達成するために何を抜くか、抜いたものをどこに置くかから考え始めました」（キノトロープ 荒井）

遷移を減らすため、操作途中の詳細情報はポップアップで開く、条件の合う他の候補は先読みし展開できる状態にするなど、操作の妨げにならない形で多くの関連情報を配置する必要がありました。そこで、予約システムとCMS上の情報を1画面でシームレスに扱うため、新しい技術も取り入れています。

しかし、図と説明だけでこの流れを正しく想像することは困難です。そこで活用されたのがプロトタイプです。ページの内容や操作性、画面遷移を実際に触れて確認できるため、全員の理解を一致させながら進めることができました。

「議論した内容を形にし、全員の認識を合わせていく上でプロトタイプが役立ちました。また、ASPの開発会社へ仕様を伝える際にも、設計書の解釈を個人の理解に依存せず共有できます。関係者が多いほどプロトタイプは必須だと思います」（キノトロープ 濱田）

成果 今後 ステップ数を削減し使いやすさを改善 そして新たな施策のスタートへ

リニューアルによって、予約完了までの遷移が3画面にまで削減されながら、必要な情報は見やすく網羅され、スマートフォンからの使いやすさが大きく改善されました。

「過去の経験では、リニューアルすると数カ月は使い方について多くのお問い合わせをいただくのですが、今回はそれが1カ月でほとんどなくなりました。お客様がより直感的に予約完了まで到達できているのだろうと思います」（大和リゾート 山田さん）

コロナの影響もあり、具体的成果はまだわかりません。しかしこれを逆手に、実運用中のテストや従業員の習熟期間に充て、この時期に運用を開始しました。

「Webサイトは完成したと思ったら次の課題が出てくるものです。それを解決していくことの繰り返しなんですよ。時代も変わるし、お客様も変わりますから」（大和リゾート 冨田さん）

現状のベストが数年後もそうとは限りません。人々の行動がオンライン化する現在、企業のWebサイトは事業戦略と直結してよりシビアな成果が求められるようになっています。

「我々がこの先どんなお客様を増やしていきたいか、それを明確にして、キノトロープさんの手も借りながら次の施策に取り組んでいきたいと思います」（大和リゾート 冨田さん）

完成するWebサイトはありません。ずっとアップデートをし続けていくのです。

冨田 幸雄
大和リゾート株式会社
営業本部
WEB・広告宣伝部 部長

キノトロープさんは弊社の運用部分まで考えた提案をしてくれます。

山田 泰久
大和リゾート株式会社
営業本部
WEB・広告宣伝部 課長

クライアントの成果は使う人の満足から。目的を共有し成果につながる提案をします。

濱田 優
株式会社キノトロープ
執行役員
プロジェクトマネージャー

ディレクションでは初めてのユーザーにも理解してもらえることを最重視しました。

荒井 翼
株式会社キノトロープ
ディレクター

仕事のポイント

- ビジネスに直結する解決策の提示と実現のための制作力
- わかりやすく明確なコミュニケーションとワークフロー

あとがき

1993年以降、多くのサイトが立ち上がり、多くの会社が起業しました。僕たちの起業は、最近のインターネットにまつわるそれとは、形や目標が異なります。大企業を築くことが目標ではないから。
「僕たちが戦える場所を作る」それが僕たちの永遠の目標です。
そんな僕たちがこの「はじまりの時代」を生きてこられたのは、多くの人の支えによるものでしかありません。
僕たちを支えてくれた、多くの人に「ありがとう」を伝えたい。

そして、この年になってもインターネットは、まだまだ「はじまりの時代」を提供してくれます。楽しませてくれます。
2022年6月には、eスポーツチーム「KINOTROPE gaming」を設立しました。
1993年ごろのWeb界隈の風を感じます。
そして、その感動を再度味わえそうな予感がしています。
これは、参加するしかないじゃないか！　eスポーツは、メディアになる！
1993年にインターネットに感じたのとまったく同じ衝撃です。
eスポーツは、すべての世代のコミュニケーションの懸け橋になるはずです。
20年後ビールを片手に晩酌をする親父がTVで観ているのは、野球ではなくeスポーツになるかもしれません。
人種、年齢、性別を超えて、共通の話題でコミュニケーションしているはずです。
さらに、同じチームとして共に戦うことさえ可能なのです。
それこそがジェンダーレスのあるべき姿であり、グローバル化の実現に他なりません。

1995年、本格的にインターネット取り組んだころ、まず一番に感動したのは、遠く離れた海外の方とチャットやゲームができる、ということでした。
そして、そこで生まれるコミュニケーションは、間違いなく新しいコミュニケーションになるはずだと感じました。

そしてそれは、今スポーツにまで進化しようとしています。
eスポーツが、コミュニケーションを加速させる瞬間に、僕たちは生きている！

新しい時代の幕が開く瞬間？
ビジネスの問題ではなくその熱い空気と、二度とない瞬間の中にいられることは、人生において最大の幸せだと感じます。
僕はまた、新しいはじまりの時代の中で生きていきます。
多くの人の支えの中で。

2024年10月9日　65回目の誕生日の日に　　生田昌弘

著者紹介

生田 昌弘

株式会社キノトロープ代表取締役社長。1959年生まれ。岡山県出身。
1985年に生田写真事務所を設立し、カメラマンとして活動を開始する。
1993年12月にキノトロープを設立。プロデューサとして一貫した方針で数々のWebソリューションを築き上げる。現在もネットエバンジェリストとして布教活動を実践中。著書に『次世代Webサイト構築ワークフロー』『生田昌弘のWeb担当者に喝！』(以上、インプレス)、『アクセス解析からはじめる Webサイト運用 成功の法則』『Webサイト構築ワークフロー』『新・Webデザインワークフロー』『Webデザインワークフロー』(以上、SBクリエイティブ)、『CMS構築成功の法則』(技術評論社)、『Webブランディング成功の法則55』(翔泳社)、『カッコいいホームページを作ろう!』『作ってみようホームページ』『フォトショップで作るホームページスーパーTIPS』(以上、グラフィック社)。監修に『Web年鑑 1999』『Web年鑑 2001』『Web年鑑 2003』(以上、グラフィック社)、『Web年鑑 2007』(日経BP社)、『オーセンティアビジネスレポート』がある。
2022年6月にeスポーツチーム「KINOTROPE gaming」を立ち上げ、オーナーとしてチームの発展に尽力する。

株式会社キノトロープ

https://www.kinotrope.co.jp/

インターネットの黎明期よりWeb制作の専門会社としての歴史を持ち、2023年で創立30年を迎えた。キノトロープは、本書の著者である生田昌弘が立ち上げ、当初はCD-ROMの制作を中心に活動していたが、インターネットに出会い、メディアとしての可能性に魅かれ方向転換、Web制作の草分け的存在となる。今では数々の制作実績を持ち、「東京海上日動キャリアサービス」「パソナ」「バッファロー」「東急ホテルズ＆リゾーツ」「ゼンリン」「日本ピスコ」「竹中工務店」「イオンペット」「大塚製薬」「近畿日本ツーリスト」など、大手有名企業のWebサイトを多数手掛ける。コンサルティング、制作をバックボーンに、インターネットの各分野におけるソリューションを提供し、Webサイト構築、Webサイトの企画・制作、新たなビジネスモデルの提案まで幅広く対応している。また、長年のノウハウから生まれた独自のメソッドはWebの制作会社から企業のWeb担当者まで広く定評がある。

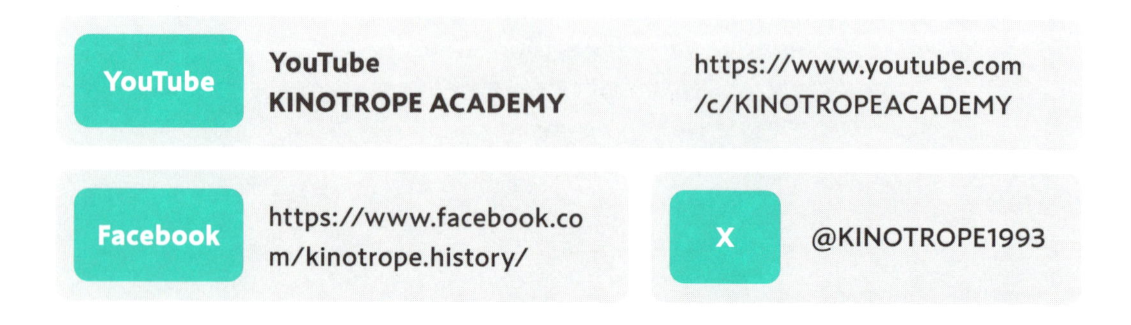

KINOTROPE gaming

https://www.kinotropegaming.com/

2022年6月にAPEX部門設立。わずか6ヶ月でALGS Year3プロリーグに進出。2022年8月に国内外の有力プロ、ストリーマー等が参加する、Apex Legends™最大規模の大会「KINOTROPE CUP」を開催。この大会の配信は、公式の再生回数70万回、ストリーマー等もカウントすると、総再生回数は、200万再生を超えた。1年半で、Apex世界大会に進出。選手を含めた、SNS総登録者数100万人を突破。2023年4月にスマブラ部門を立ち上げ、実業団形式という新しい就業スタイルをeスポーツに持ち込んだ。2024年3月にR6S部門設立。プロリーグ2位を獲得。

なぜ、eスポーツなのか？　Discordと X（旧Twitter）でしかコミュニケーションできないZ世代を目の当たりにする。やばい、こいつら絶対Webサイトなんか見ないじゃん。こいつらの情報は、DiscordとX。追加でInstagram、LINE、YouTube、Twitch、TikTok。そして、たまにWebサイト。キノトロープの本業はWeb制作。「Web制作会社はなくなる」それが、彼らから学んだこと。そしてそれは、キノトロープの将来に、暗雲が立ち込めていることを意味している。でも、そうだろうか？　チャンスじゃないか？　この変化に大人は、気づいていないのではないか？　Z世代にリーチをかける方法を、先んじてノウハウ構築できるじゃないか？　キノトロープは、5年先のWebサイト制作のノウハウを得るためにeスポーツにチャレンジしている。

お問い合わせについて

本書に関するご質問は、FAX、書面、下記の Web サイトの質問用フォームでお願いいたします。
電話での直接のお問い合わせにはお答えできません。あらかじめご了承ください。
ご質問の際には、書籍名と質問される該当ページ、返信先を明記してください。e-mail をお使いになられる方は、メールアドレスの併記をお願いいたします。ご質問の際に記載いただいた個人情報は質問の返答以外の目的には使用いたしません。
お送りいただいたご質問には、できる限り迅速にお答えするよう努力しておりますが、お時間をいただくこともございます。なお、ご質問は本書に記載されている内容に関するもののみとさせていただきます。

お問い合わせ先

〒162-0846
東京都新宿区市谷左内町 21-13
株式会社技術評論社 デジタル事業部
『スマートフォンファーストワークフロー〜大規模 WEBサイト CMS 構築成功の法則』係
FAX：03-3513-6161
Web：https://gihyo.jp/book/2024/978-4-297-14415-9

商標です。なお、本文中では ™、® などのマークを省略しています。

スマートフォンファーストワークフロー
〜大規模 WEBサイト CMS 構築成功の法則

2024年10月15日 初版 第1刷発行

著者……生田 昌弘
発行者……片岡 巌
発行所……株式会社 技術評論社
東京都新宿区市谷左内町 21-13
電話……03-3513-6150 販売促進部
03-3513-6180 デジタル事業部
カバーデザイン……株式会社キノトロープ
イラストレーション……飯嶋絵理奈、藤田由起（株式会社キノトロープ）
編集……斉藤千寿（株式会社キノトロープ）
協力……高橋輝、笠井貴斗（株式会社キノトロープ）
DTP……リンクアップ
製本／印刷……昭和情報プロセス株式会社

定価はカバーに表示してあります。

ISBN978-4-297-14415-9 C3055

Printed in Japan